奇异的节肢动物

感谢我的父母，弗洛尔（Flor）和拉蒙（Ramón），感谢他们在情感、物质和技术上的支持。

感谢朱利安（Julián）一直在我身边。感谢莉迪亚（Lidia）对我的帮助。

作者还想要感谢昆虫学家何塞·曼努埃尔·塞斯马（José Manuel Sesma）、简·托马斯（Jan Tomás）、巴勃罗·瓦莱罗（Pablo Valero）和何塞·蒙特塞拉特（Víctor José Montserrat）的监督、重视和帮助。也要感谢"虚拟生物多样性"的创始人安东尼奥·奥多尼斯（Antonio Ordóñez）、霍约山养蜂课堂的克莱拉（Clara）和纳乔（Nacho）、曼尼莫司（Manimals，一个由一群专业人士组成的小团队，通过他们的自然视频，以简单的方式向公众展示每种动物的行为模式）的罗西奥（Rocío）和胡安（Juan）。

自然图解系列丛书

奇异的节肢动物

[西] 玛丽亚·桑切斯·瓦迪洛　著

刘文君　译

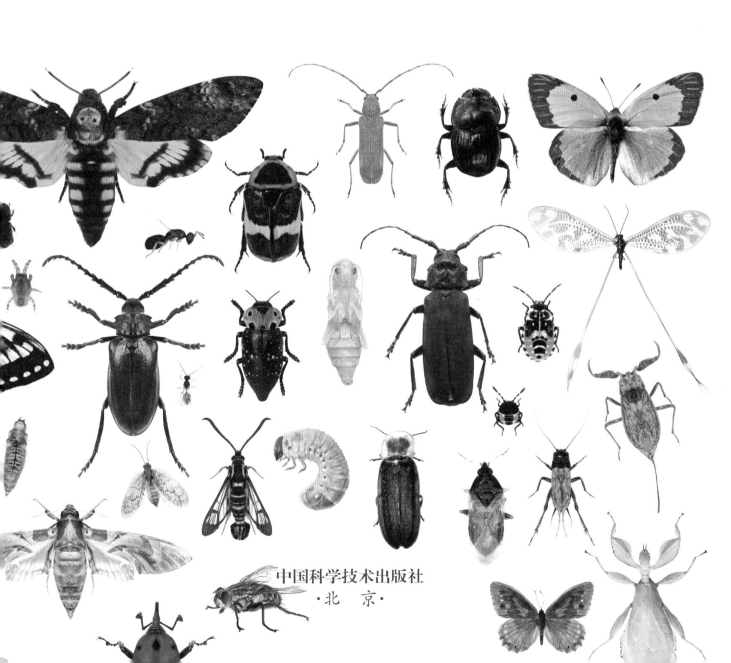

中国科学技术出版社
·北京·

图书在版编目（CIP）数据

奇异的节肢动物 /（西）玛丽亚·桑切斯·瓦迪洛著；刘文君译. —北京：中国科学技术出版社，2022.11

（自然图解系列丛书）

书名原文：ENCICLOPEDIA ILUSTRADA DE MICRO ANIMALES

ISBN 978-7-5236-0031-3

Ⅰ.①奇… Ⅱ.①玛… ②刘… Ⅲ.①节肢动物—青少年读物 Ⅳ.① Q959.22-49

中国国家版本馆 CIP 数据核字（2023）第 036072 号

著作权合同登记号：01-2022-5432

策划编辑	王轶杰	
责任编辑	王轶杰	
封面设计	锋尚设计	
正文排版	锋尚设计	
责任校对	吕传新	
责任印制	李晓霖	

出　　版	中国科学技术出版社	
发　　行	中国科学技术出版社有限公司发行部	
地　　址	北京市海淀区中关村南大街 16 号	
邮　　编	100081	
发行电话	010-62173865	
传　　真	010-62173081	
网　　址	http://www.cspbooks.com.cn	

开　　本	889mm × 1194mm　1/16	
字　　数	260 千字	
印　　张	10	
版　　次	2023 年 4 月第 1 版	
印　　次	2023 年 4 月第 1 次印刷	
印　　刷	北京瑞禾彩色印刷有限公司	
书　　号	ISBN 978-7-5236-0031-3 / Q·243	
定　　价	118.00 元	

目录

前言

节肢动物由一类无脊椎动物组成，它们具有外部骨骼或外骨骼，身体分部，四肢分节，可以移动，因此其名称来自希腊语arthron（关节）和pous（足）。它们可以按足的数量分为蛛形纲动物（四对），昆虫纲动物（三对），多足纲动物（多达375对）和甲壳纲动物（足的数量不定）；这些附肢适应物种的不同需要，以各种形态，行走、游泳、捕捉猎物、挖掘、攀爬等。节肢动物是进化最成功的动物，几乎生存于所有的环境（陆地、海洋、空气和淡水）。

节肢动物的重要特征是体外覆盖表皮的外骨骼由几丁质形成，在某些情况下，如甲壳类动物，其外壳因碳酸钙硬化而形成。这种外壳用于固定它们的肌肉，并保护内部机体以应对环境或可能产生的病原体的威胁。最近的研究发现了几丁质含有多种物质，特别是壳聚糖，一种从中提取出来的多糖物质。作为一种凝血剂、抗肿瘤剂、杀菌剂、抗菌剂、抗病毒剂，壳聚糖在医学领域可被用来修复软骨和骨组织，还可以用来增强人体的免疫系统。尽管由于高成本和技术的限制，壳聚糖还远未被大规模使用，但它的应用前景广阔，既可以作为塑料的可生物降解替代品，又作为一种无污染的生物肥料，能够促使土壤再生和刺激根系。事实上，它是地球上仅次于纤维素的第二大丰富的有机材料。然而，对于节肢动物来说，其外骨骼的硬度有一个缺点——坚硬的外骨骼会限制节肢动物身体的生长，因此节肢动物必须定期蜕皮或蜕壳。这个过程是由激素控制的，当"衣服"变得太小时，节肢动物会形成新的保护膜，保护膜比较柔软，在蜕皮或蜕壳后需要一定时间进行硬化，此时的节肢动物很容易成为捕食者的目标。

尽管它们很古老（最早的节肢动物被认为出现在大约6亿年前的寒武纪早期），而且数量众多，但

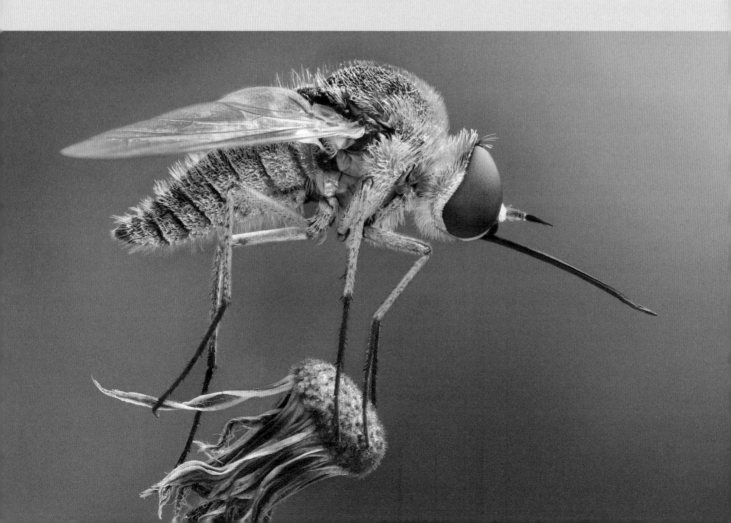

人们普遍对这些与人类密切相关的动物有着毫无由来的恐惧，它们给我们带来的好处则很少被提及。除了必不可少的传粉外，我们还将它们用作天然染料以及制造天然丝织品，还有蜘蛛网在医学上的新用途，它被用于缝合、骨骼修复、软骨再生和皮肤移植，甚至一些物种的毒液也具有有益的特性，因为抗生素和止痛药都是从这类毒液中获取的。有些节肢动物一直是我们的饮食对象，并且近年来随着人口增长带来的对食物需求量的增加，人类对昆虫的消费量与日俱增，因为它们能提供优质的营养。此外，它们的繁殖和收获可以为经济发展提供重要机遇。节肢动物还帮助我们防治虫害，这是一种古老的技术，自3世纪以来一直在古老国度（如中国）中使用与发展，鉴于农药造成的问题和损害，目前世界各地正在重新使用这项技术。事实证明，利用天敌来对抗有害生物是一种杀虫剂的很好的替代方式。

基于以上原因，本书旨在通过介绍节肢动物的特征、生活方式等内容，让读者更接近这一重要的动物群体，从而不再对它们感到恐惧或厌恶，并认识到它们在自然中不可或缺的作用。例如蜜蜂，它们的消失将会对农业，甚至是人类的生存都造成严重的问题。

分类

节肢动物门主要结构（4个亚门）

1. 亚门：**多足亚门**（多足）
   纲：**倍足纲**（马陆）
   纲：**唇足纲**（蜈蚣）
      目：**蜈蚣目**
         石蜈蚣目
         蚰蜒目
         地蜈蚣目

2. 亚门：**螯肢亚门**（四对足）
   纲：**蛛形纲**
      目：**蜱螨目**
         盲蛛目
         蜘蛛目
         避日目
         蝎目
   纲：**肢口纲**（鲎）
   纲：**海蜘蛛纲**（海蜘蛛）

3. 亚门：**甲壳亚门**（五对足或更多）
   纲：**软甲纲**
      目：**十足目**（普柏磨面蟹、龙虾、挪威海螯虾、蟹……）
   纲：**介形纲**
   纲：**桨足纲**
   纲：**鳃足纲**
   纲：**颚足纲**
   纲：**头虾纲**

4. 亚门：**六足亚门**（三对足）
   纲：**内口纲**
      目：**弹尾目**
         双尾目
         原尾目
   纲：**昆虫纲**
      目：**蜉蝣目**
         蜻蜓目
         襀翅目
         直翅目
         竹节虫目
         革翅目
         纺足目
         螱螊目
         螳螂目
         等翅目
         啮虫目
         半翅目
         缨翅目
         虱毛目
         脉翅目
         长翅目
         鳞翅目
         毛翅目
         双翅目
         蚤目
         膜翅目
         鞘翅目

多足亚门

　　这个名称本身很好地定义了这类节肢动物亚门的成员，因为 *miríada* 在古希腊语中的意思是"一百乘以一百"（10 000），在西班牙语中它表示大量或无法计算的数字，而 *podo* 的意思是"脚"。

　　这类动物中最为人所熟悉的就是蜈蚣和千足虫，虽然它们有许多足，但都没有达到千条。这类动物大约起源于3.1亿年前的上石炭纪和二叠纪时期，据说当时它们的长度可以达到1米。目前，在特殊情况下和热带物种中，它们的长度在25～30厘米。覆盖它们的保护膜或多或少都已钙化或硬化，缺乏昆虫典型的蜡质层，所以在干燥环境中，它们经常出现在阴凉潮湿的地方，通常是在落叶堆中或石头下面。

　　从身体上看，它们没有明显的胸部，其长长的身体由数量不等的体节组成，每节段有一对或两对足。它们的头上有一对非常敏感的触角，配有触觉和化学感受器的丝绒，其底部是嗅感器，其功能仍然未知，但人们认为可能是振动、湿度和压力的探测器。它们眼睛的功能很简单，即便有些物种有假复眼（如蚰蜒目），而另一些则完全没有复眼（如综合纲和少足纲），也只能区分明暗。这个群体的饮食非常多样化：有些是凶猛的猎手，有些是和平的食腐动物，因此它们的口器也多种多样，尽管它们的基本结构与昆虫相似（下颚、第一对上颚和第二对上颚或唇）。它们通过气管呼吸，通过小孔或位于足部的气孔与外界相连。

繁殖

　　通常是有性繁殖，然而综合纲的动物、马陆或蜈蚣可能存在孤雌生殖（细胞发育不经过受精过程）。在某些物种中，会发生交配，但在大多数物种中，精子交换是间接的，是通过精包（装有精子的囊）进行的，雄性将其留在雌性附近，以便雌性在产卵时将其捡起并自我受精。虽然它们通常是卵生的，但也有胎生的物种。幼体出生时与成年体相似，但体节数较少，体节会通过连续的生长、蜕皮而增加。

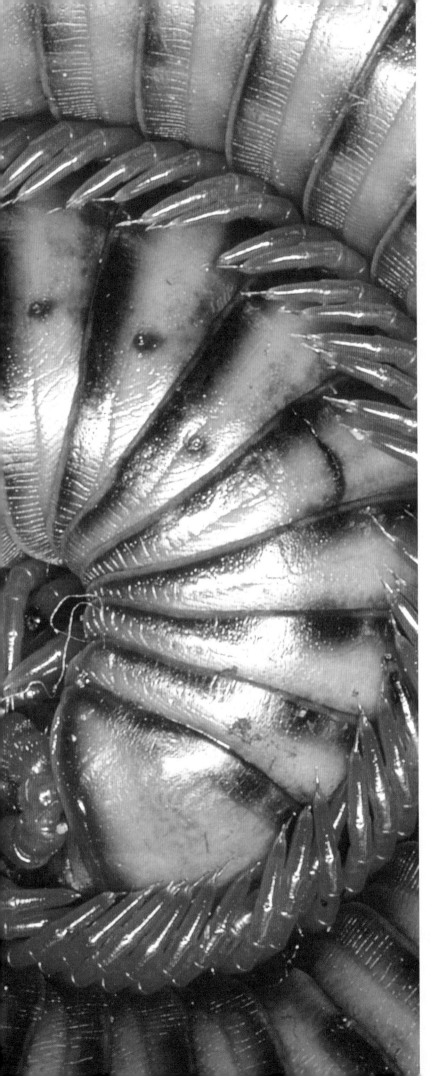

主要分类

门：节肢动物门
亚门：多足亚门
纲：倍足纲
　　唇足纲
　　少足纲
　　综合纲

说明

倍足纲（马陆）
千足虫

唇足纲（唇足亚纲）
蜈蚣

少足纲（寡足亚纲）
它们基本上是不为人知的，因为最大的几乎只有1.5毫米长。它们的保护膜很软，有11节躯干（很少有12节），没有眼睛。以腐烂的有机物、某些种类的真菌和其他小型节肢动物为食。它们对环境的变化非常敏感，很容易死于过于干燥或过于潮湿的环境。它们生活在各大洲的土地上。

综合纲（结足亚纲）
已知的约有200种，但没有一种超过8毫米。它们身体柔软、颜色发白，成虫躯干有12节，末端有一对称为丝囊的结构，类似于蜘蛛，也分泌出丝。它们主要栖身于有机质丰富的土壤中。

倍足纲

　　倍足纲动物，是多足亚门动物中最大的一类，种类超过1.3万种。有一种称为伊拉克梅千足虫（*Illacme plenipens*），它共有750条足。这些动物由头部和躯干组成，后者很长且一般呈圆柱形；由于体节两两结合，每节都有两对肢体（*Diplopoda*意为"双足"）。

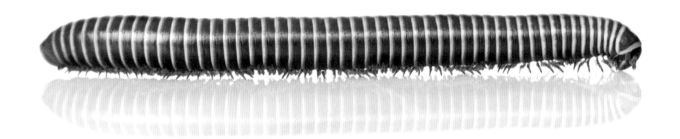

　　头节无足，形成颈部，头节后的3个体节每节有一对足，除第7节外，有时还有第8节，无足，雄性的第8节有交配器官。躯干的末端是尾巴或尾节。足位于腹侧并且很短，因此这些动物行动缓慢。由于它们速度很慢，经常不会被注意，它们的颜色一般是深色且很暗，但一些热带物种非常显眼，以此作为其毒性的警告信号。

　　倍足纲动物是食腐动物，以植物残渣和有机物碎屑为食；在特殊情况下，一些物种可能食用活的植物、真菌、藻类、动物残骸和排泄物、尸体，甚至会捕食。它们绝大多数生活在土壤中，会挖洞，因此有助于提高土壤孔隙度、持水和养分运输的能力。由于以分解的植物物质为食，它们富含氮的粪便加速了有机质进入土壤，对植物营养非常有益。它们通常在夜间活动，有些只在潮湿的时期活动，一年中的其他时间都在地下度过。它们也在沙漠、苔原、高山、海岸或洞穴等极端或恶劣的环境中定居，还有一些因植物贸易而迁移到其他大陆的物种，它们躲藏在地下。一些已经到达花园和温室而没有造成灾害，但其他一些已经成为入侵者，如葡萄牙千足虫（*Ommatoiulus moreleti*），一种来自葡萄牙南部的千足虫，已成为澳大利亚的一种害虫。

繁殖

　　倍足纲动物雌雄异体，可以直接受精，即雄性将精子转移给雌性；也可以间接受精，即雄性用精包做成一个小丝包，将雌性吸引到现场，这样雌性就可以收集精包并将它放入自己的受精囊（精液囊托），并将其存放在那里，直到卵

球马陆目

泡马陆目

带马陆目

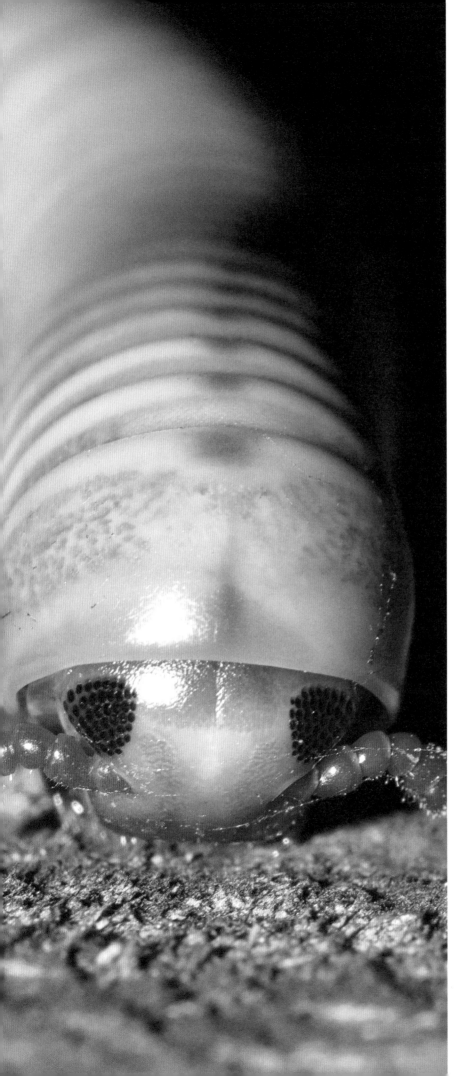

子受精。此外，某些千足虫在特定情况下，可以通过孤雌生殖（通过未受精的卵）进行繁殖。所有的马陆都是卵生的；从卵中孵化出一个被膜包裹的原生幼虫，两天后幼虫将从里面出来，它有3对足和8节体节，足和体节将在连续的蜕皮中逐渐增加。这种发育可能持续两年以上，在某些情况下，性成熟后会继续蜕皮。

倍足纲的主要分类

毛马陆目（*Polyxenida*）
身体柔软，丝毛或绒毛呈羽幢排列。

球马陆目（*Glomerida*）
圆柱形身体，由板块组成的骨架使它们能够将身体蜷曲成球状。

微型马陆目（*Chordeumatida*）
它们呈现出各种各样的形状，但体节数几乎总是偶数的，在26与32之间。

姬马陆目（*Julida*）
雄性物种第一对足异化成为某种形状。

带马陆目（*Polydesmida*）
数量、种类最多的目，许多物种的腺体中含有有毒物质，作为自卫手段，它们会将有毒物质排出。

倍足纲
（*DIPLÓPODOS*）

倍足纲动物通常被称为马陆或千足虫，它们是蜈蚣的近亲，较友善，经常同蜈蚣混淆。然而，除了它们的身体很长并分节，两者并没有太多相似之处。千足虫的每节都有两对足，而蜈蚣只有一对。马陆的外骨骼被硬化以保护内部器官，所以当遇到危险时，它们中的许多会蜷缩成一个球。它们的侧面通常也有一排腺体，分泌各种类型的物质，视物种而定，具有不同的作用；最常见的只是因其难闻的气味而产生的威慑效果，但其他的则更具攻击性，如弗吉尼亚千足虫（*Apheloria virginiensis*），它会排出氰化氢的云状物。有些物种会释放镇静物质：马达加斯加的黑美狐猴（*Eulemur macaco*）会啃食千足虫以刺激它们释放毒素，然后让毒素布满全身以有效对抗寄生虫，同时，产生一种麻醉和愉悦的状态。这些节肢动物没有毒液注射的器官，因为它们中大多数不以其他动物为食，而是以植物残渣和有机物碎屑为食。

巨型环状千足虫
Pelmatojulus ligulatus
长度：200毫米
分布：非洲

巧克力色巨型千足虫
Ophistreptus guineensis
长度：240 ~ 260毫米
分布：非洲

非洲红脚千足虫
Epibolus pulchripes
长度：100 ~ 110毫米
分布：非洲

沙漠千足虫
Orthoporus ornatus
长度：76 ~ 150毫米
分布：美国南部

非洲巨型千足虫
Archispirostreptus gigas
长度：370 ~ 385毫米
分布：非洲和阿拉伯南部

黄带千足虫
Anadenobolus monilicornis
长度：40 ~ 45毫米
分布：中美洲

温室千足虫
Oxidus gracilis
长度：25毫米
分布：世界各地

大型林地千足虫
Nyssodesmus python
长度：80～100毫米
分布：中美洲

彩虹马陆
Tonkinbolus dollfusi
长度：10～20毫米
分布：亚洲

黑球马陆
Glomeris marginata
长度：15～20毫米
分布：欧洲

弗吉尼亚千足虫
Apheloria virginiensis
长度：40～50毫米
分布：北美洲

其他物种

马达加斯加巨型千足虫

Colossobolus giganteus

长度：160～165毫米

分布：马达加斯加

马达加斯加环形千足虫

Aphistogoniulus polleni

长度：130～150毫米

分布：马达加斯加

伊拉克梅千足虫

Illacme plenipes

长度：30～40毫米

分布：美国南部

斯堪的纳维亚千足虫

Julus scandinavius

长度：30～50毫米

分布：北欧、中欧、西欧

姬马陆

由于一些物种有翻动土壤的能力，姬马陆目家族的成员也被称为土地梳理者或耕耘者。它们的身体是长长的圆柱形，因此横截面相当于一个几乎完美的圆。

它们被分成多个体节，每节段都有两对足（除前几节只有一对），虽然其名字（千足虫）很容易使人误解，但达到1000只足的很少，通常少于400只。它们行动缓慢，每对肢体快速前进，然后以较慢的速度向后移动，因此它们的步态是如波浪起伏般的。

这些节肢动物的主要特点在它们的防御方法，当它们感到有危险时，会很剧烈地扭曲肢体，使它们能够逃离敌人，或者会将身体盘成螺旋状，以保护它们更柔软、更脆弱的身体下部。此外，它们还通过被称为臭腺的腺体分泌有毒物质，尽管其对人类完全无害。

它们喜欢以植物碎屑和动物尸体的残骸为食，所以它们在将有机物融入土壤方面发挥着非常重要的作用，同时它们挖掘地道并翻动土壤，有利于有机物的氧化，并为植物提供必需的营养，因此它们在有机农业中会受到器重。它们在夜间活动，白天通常躲在阴凉潮湿的地方，特别是在阳光最充足的时候。

繁殖

在交配过程中，雄性用第一对改良的钩状足抱住雌性，并将精子注入。产卵位置不是由雌性随机选定的，而是利用或在地面上挖出小凹坑来产卵。大约一周后，幼体孵化，出生时它们拥有少量的环节，通常在3～6节，并将通过连续的蜕皮以变成最终的体态。它们通常在第二年后发育为成虫。大多数雄性在交配后死亡，但在有些物种身上出现了一种奇怪的现象，称为周期性变态发育，即雄性经过一次年轻化的蜕皮，成为具有介于幼体和成体的中间特征的个体；在这之后，新的蜕皮会产生一个更年轻的个体或一个具有繁殖能力的成体。这些阶段可能会重复几次。

要想知道马陆的足数，就要数出它的体节数，乘以4，再减去10。

信息梳理

目： 姬马陆目
科： 姬马陆科
食物： 分解的有机质
长度： 6～90毫米
寿命： 3～10年
分布： 欧洲、亚洲和美洲

马来西亚砂拉越州的尼亚国家公园有一种红色千足虫，称作"*Trachelomegalus modestior*"，图为其标本。照片中完美地展示了其身体的多个体节，每个体节上有两对足。它的颜色是带有警示性的，也就是说，作为一种防御手段，提醒捕食者它是有毒的。

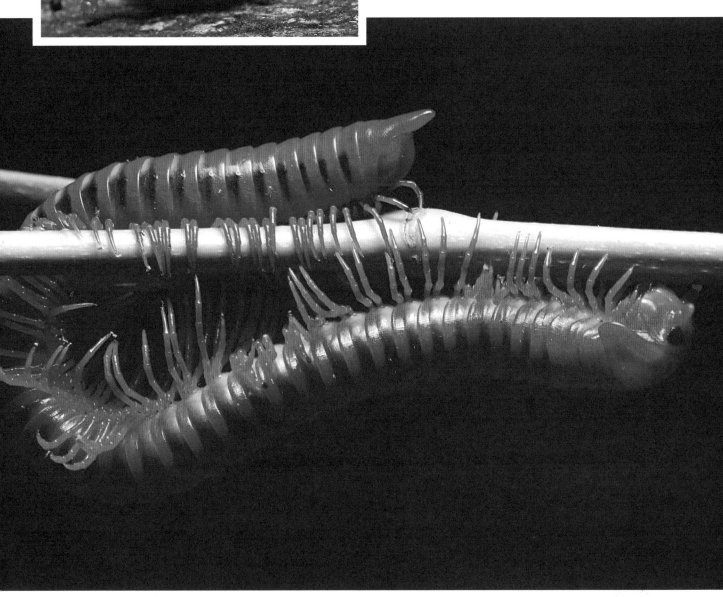

外骨骼

很坚硬，由几丁质形成，以钙盐硬化，分为两部分：头部和圆杜形躯干，拉长并分节。色彩丰富多变，且呈现斑点或线条状。

头

在一对单一且短的触角后面，有两个由许多单眼组成的巨大的三角形群，作为嗅觉和味觉的感受器。在某些物种中，口器被略微异化以用于挖掘。

足

除前几节外，每节有两对有关节的足；在雄性中，前面的一对被异化成钩状，以便在交配时抱住雌性。

躯干

躯干有许多环节，在雄性中，第7节容纳了生殖肢（为繁殖而演化的附肢）。

唇足纲

这类动物的代表是百足虫或蜈蚣，其特点是躯干细长、扁平，呈带状，由不同的节数组成，从蚰蜒科（*Scutigeridae*）的15节到地蜈蚣科（*Geophilidae*）的177节。

与倍足纲动物不同，它们每个体节最多只有一对足（除第一节和最后两节，是无足的）。它们的躯干很长，足从侧面长出，因此其身体靠近地面，这赋予了它们很快的运动速度。第一对足已经进化成两个称为颚足的附肢，其由一个末端呈尖点的锥形爪组成，内有一个带毒的腺体，用来麻痹或杀死猎物。另外，末端的体节有着不同于其他体节的形态，它们更长，更结实，用来防御或限制猎物行动。蜈蚣的口器高度发达，由一对长着坚硬的牙齿的大颚和两对被称为小颚的部分组成。这样，颚足和第二个小颚来固定住猎物，而大颚和第一小颚用于分割和咀嚼。

蜈蚣是活跃的猎手，它们以节肢动物为食，但有时它们也可能食用小型脊椎动物。作为夜行性动物，它们生活在潮湿的地方，避免暴露在阳光下。蚰蜒目和蜈蚣目也喜欢与人类共享住所，它们主要出现在厨房和浴室中。如果可以容忍的话，它们是不那么糟糕的室友，尽管被它们咬伤可能会很痛苦，但它们会吞食苍蝇、蟑螂和其他家庭害虫。就蜈蚣而言，它们在中国街边摊上被油炸或烤制后出售，而在泰国，这种动物被制成酒，据说它有药用的特性。事实上，墨西哥的几所大学正在研究蜈蚣毒液的可能用途，其中包括止痛和消炎作用，因此它可能对人类非常有益。

繁殖

除一些孤雌生殖的情况外，繁殖是间接的，即通过精包（或精子包囊）进行繁殖，雄性在雌性面前产出精包，雌性收集起来。它们是卵生的，但幼体有不同的发育过程：地蜈蚣目和蜈蚣目的成员将卵产在地上的巢穴或树干上的洞中，雌性负责保护、清洁这些卵，使其不会长出真菌；刚孵化出来的幼虫就像一只微型成虫，只是无法移动和进食，所以它们将继续接受母亲的照料，直到它们能够自食其力。然而，石蜈蚣目和蚰蜒目会掩埋并抛弃它们的卵，它们的幼体出生时的体节和足都比成体少，但它们很独立。它们从母亲那里得到的唯一照顾是卵的存放和掩埋，但令人惊讶的是，它们的存活率很高，而且寿命很长，可长达6年。

地蜈蚣目（*Geophilomorpha*）

蚰蜒目（*Scutigeromrpha*）

唇足纲的主要分类

地蜈蚣目
（*Geophilomorpha*）

它们有超过25对短足和长长的白色身体。它们通常有腹腺，其分泌物可能发光。它们的触角很短，没有眼睛。

蜈蚣目
（*Scolopendromorpha*）

它们有15～25对足。

石蜈蚣目
（*Lithobiomorpha*）

它们有15对足。有数量不同的单眼，也可能没有眼睛，触角的大小亦不同。它们通常在石头下被发现。

蚰蜒目
（*Scutigeromorpha*）

它们的身体分为15节，触角又长又细。

钵头蜈蚣目
（*Craterostigmomorpha*）

它们仅以一科组成了一个很小的目。特点是长着显眼的颚足和21节的身体。

唇足纲
（*Chilopoda*）

正如前文提到的，唇足纲动物，如被人熟知的百足虫或蜈蚣，它们的特点是身体细长、扁平且相当柔软，由许多总是奇数的环节或体节组成。除第一节（颚足）和最后一节（肛门对足）之外，身体的每一节都长有两只健壮的足，相对较长且具有运动功能。这些动物喜爱黑暗和潮湿，体长在0.5～24厘米，最大的是秘鲁巨人蜈蚣（*Scolopendra gigantea*），它们可以呈现各种鲜亮的颜色，如红色、黄色、蓝色或绿色。如果遇到危险，它们能够抛弃或主动切断一些肢体（自割现象），如果个体尚未成年，肢体会在连续蜕皮中再生。某些物种，如荧光蜈蚣（*Geophilus carpophagus*），会通过分泌发光物质在黑暗中发光，以吓跑捕食者。蜈蚣是肉食动物，也是可怕的猎手，通常捕猎节肢动物，此外它们还可以捕捉更大的猎物，如小型两栖动物、爬行动物甚至啮齿动物。

带状蜈蚣
Lithobius variegatus
长度：20～30毫米
分布：欧洲

哈氏蜈蚣
Scolopendra dehaani
长度：180～200毫米
分布：亚洲

虎纹蜈蚣或沙漠蜈蚣
Scolopendra polymorpha
长度：100～180毫米
分布：美国南部和墨西哥北部

普通蜈蚣
Scolopendra cingulata
长度：120～170毫米
分布：南欧、北非、中亚和东亚

加利福尼亚蜈蚣
Theatops californiensis
长度：50～60毫米
分布：北美

巨型蜈蚣
Scolopendra gigantea
长度：200～240毫米
分布：南美北部

棕色蜈蚣
Lithobius forficatus
长度：18～30毫米
分布：欧洲至乌拉尔山脉，传入非洲和美洲

巨型沙漠蜈蚣
Scolopendra heros
长度：150～170毫米
分布：墨西哥北部和美国东南部

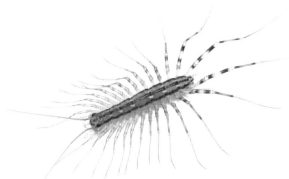

地中海蚰蜒
Scutigera coleoptrata
长度：10～30毫米
分布：欧洲、亚洲和美洲

弗罗里达蓝色蜈蚣
Scolopendra viridis
长度：90～95毫米
分布：美国南部和墨西哥北部

印度虎蜈蚣
Scolopendra hardwickei
长度：160～200毫米
分布：亚洲

巴西巨型蜈蚣
Scolopendra viridicornis
长度：180～200毫米
分布：南美洲

中国红头蜈蚣
Scolopendra subspinipes mutilans
长度：约200毫米
分布：亚洲及大洋洲的澳大利亚和新西兰

其他物种

蜈蚣
Theatops erythrocephalus
长度：30～45毫米
分布：葡萄牙、西班牙、意大利

地中海蜈蚣
Scolopendra oraniensis
长度：约55毫米
分布：葡萄牙、西班牙、法国的科西嘉岛、意大利和北非

火蜈蚣
Orphaneus brevilabiatus
长度：100～200毫米
分布：亚洲和非洲

电蜈蚣
Geophilus electricus
长度：40～50毫米
分布：欧洲

金色蜈蚣
Scolopendra valida
长度：130～150毫米
分布：中东、喀麦隆和加那利群岛的部分地区

两栖蜈蚣
Scolopendra cataracta
长度：160～200毫米
分布：越南、老挝、泰国

地下蜈蚣
Haplophilus subterraneus
长度：约60毫米
分布：欧洲和加拿大纽芬兰

地蜈蚣
Schendyla nemorensis
长度：18～20毫米
分布：欧洲和美国

荧光蜈蚣
Geophilus carpophagus
长度：55～60毫米
分布：南欧和北非

蜈蚣

蜈蚣是最让人敬重和恐惧的节肢动物之一，因为它的体形很大且叮咬时有毒，但就这个物种来说，它并不致命。它是一种独居的、有领地意识且在夜间活动的动物。白天它会躲在黑暗的且最好是湿度很高的地方，经常会在石头和干燥的树干下被发现。

冬天，它会冬眠并大幅减少活动，且长时间不吃东西。它是食肉动物和"机会主义者"，也是一个富有攻击性的猎手，通过震动感知猎物并迅速扑出，用最后一对坚硬的爪捕捉猎物；接着，转动躯干并将其颚足（或进化的第一对足）刺入猎物，向其注入毒液，再根据猎物的大小，选择将其麻痹或杀死。然而，当蜈蚣成为可能的猎物时，它会迅速移动以试图迷惑潜在的捕食者，因为它的头部和身体的尾部看起来非常相似，这并非巧合。如果捕食者犯了错误，攻击其尾巴而不是头部，他们会受到至少一次痛苦的蜇刺。

毒液

颚足或毒牙位于躯干的第一节，即颚的下方，实际上这对爪是由第一对足演变而来，并与毒腺相通。被这种动物叮咬后，人会感觉非常疼痛，但除非出现过敏反应，否则情况不会很严重。

繁殖

蜈蚣没有交配过程，因为雄性在它自己编织的织物中放置了一个精包（精子包囊，上面覆盖着一层防止其变干的薄膜），这样雌性就可以捡起并自我受精。尽管它具有攻击性和毒性，但这种多足亚门的动物因充满母性责任感而著称。它会在地下的凹坑处、岩石或树干下产下二三十个卵，并将它们卷起来，紧贴在腹部孵化1~2个月，以保护它们免受捕食者的侵害，在它们成为幼体和青年体后也一样。幼虫将经历一系列生长蜕皮以达到成熟，并能在生命的第一年开始繁殖。

犰狳蜈蚣

（*SCOLOPENDRA CINGULATA*）

目：蜈蚣目
科：蜈蚣科
食物：昆虫、蜗牛、小型节肢动物，包括其他蜈蚣和蝎子、蠕虫，甚至包括小型爬行动物
长度：170毫米
寿命：7年
分布：南欧、北非、中亚和东亚

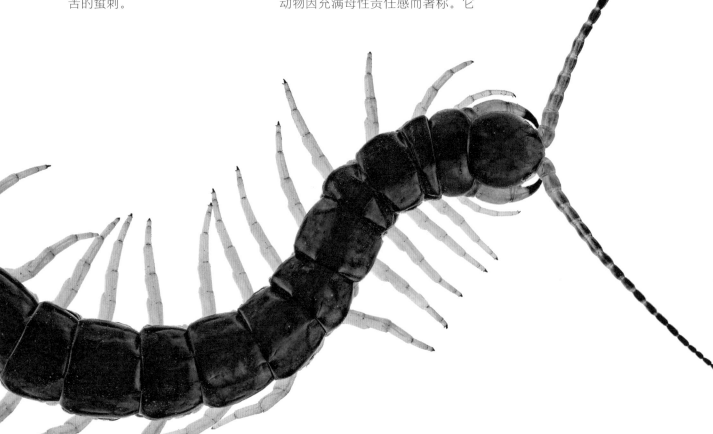

外骨骼

长而扁平，颜色在黄褐色和绿褐色之间变化，有深色横带。年轻的个体颜色更亮，身体的一边触角、头部呈显眼的橙色，另一边躯干的最后一节和最后一对足也是如此，使得头尾难以区分。

躯干

躯干的每一节段都长有一对有关节并用于运动的足（总共21对），最后一对比较显眼，明显比其他足更健壮，并且有许多坚硬的刺。大部分内脏都在躯干中，例如呼吸系统和生殖系统。

头

头部由一块盾牌状扁平的区域组成，上面长着一对长触角，这是它的主要感觉器官，头部两侧各有4只单眼，带有颚的口器配有坚硬的牙齿，用于咀嚼猎物。它连接着毒腺的巨大颚足非常有特点。

螯肢亚门

　　这类动物的成员包括蜘蛛、蝎子、螨、海蜘蛛和鲎等，在陆地和水中都有代表动物，并且具有明显区别于其他节肢动物的几个特征。

　　在口器上方长有第一对附肢，由被称为螯肢的尖头结构形成，用来进食；而在绝大多数蜘蛛中，螯肢与毒腺相通。在其后是第二对附肢或触肢，具有多种功能（感觉、进食、防御和交配），蝎子的第二对附肢已演化成大钳足；接下来是四对步足。它们的身体分为两个主要区域：前体区（头部和胸部的融合）和后体区（腹部）。它们没有触角和颚，因为它们的嘴太小以至于无法摄取固体颗粒。

　　大多数物种的消化在体外进行，它们通过分泌具有溶解猎物功能的酶来实现。至于呼吸，海洋物种通过鳃进行气体交换，而陆生物种具有称为"书肺"（一些蛛形纲动物特有，如蜘蛛和蝎子）和气管的特殊结构。它们通常是捕食者，但有些已经进化成寄生虫、清道夫或食植动物。

繁殖

　　陆地螯肢动物可以直接受精，雄性将精子（通过触肢）注入雌性生殖口，而更多的方式则是间接完成的，雄性在经过或多或少的仪式后将精包（精子包囊）提供给雌性，最后可能以雄性被其伴侣吞噬而结束其生命。它们繁衍的后代是卵生的、卵胎生的（雌性在体内携带卵子直到孵化）或胎生的，就像一些蝎子一样。生活在海洋中的物种则是通过体外受精的方式。对于海蜘蛛，父亲会随身携带受精卵来照顾它们，直到幼虫或原若虫孵化，它们在经过一个变态过程后将完成发育。雌性鲎或马蹄蟹（肢口纲）在沙滩上的沙子上挖洞，产下未受精的卵，这样雄性就可以用精子来给它们授精；三叶虫的幼虫从受精卵中诞生，之所以这么称呼，是因为它们与同名化石相似，它们需要几年时间及大约16次蜕皮才能成年。

主要分类

门：节肢动物门

亚门：螯肢亚门

纲：蛛形纲

　　肢口纲

　　海蜘蛛纲

描述

蛛形纲（*Arachnida*）

它们是螯肢亚门中数量最多的一个纲，受到人类高度重视，主要由螨、蝎子、蜘蛛，以及避日目、盲蛛目和拟蝎目的动物组成。

肢口纲（*Merostomata*）

它们可以被认为是活化石，因为在曾经存在的500多个物种中，只有4个物种在灭绝中幸存下来。它们是水生的，以海洋无脊椎动物和腐肉为食。最著名的物种是美洲鲎（*Limulus polyphemus*），它的预期寿命为 20年，其血液（蓝色）和外骨骼具有抗菌特性，因此被用于医疗和制药领域。

海蜘蛛纲（*Pycnogonida*）

海蜘蛛因其生活在深海并且数量稀少，并不广为人知。从形态上看，它们类似于蜘蛛，因为它们总共有8只足，稀有物种可能有10只或12只。它们是捕食者，但也以腐烂的有机物为食。

蛛形纲

　　它们是生物学上最成功的螯肢亚门动物，因为它们几乎定居在陆地环境的所有角落，有些甚至生活在淡水或咸水中，并且在整个地球上已发现的物种超过10万种，其中包括蜘蛛、蝎子、螨或蜱。

　　它们的主要特征包括8只足和口器上方的4条附肢：两条用于进食的螯肢和另外两条触肢，在避日目动物中触肢非常长，像第5对足，在蝎子中已演化成大钳足。像所有螯肢亚门动物一样，它们没有明显的头部，其身体分为前体和后体。人类不会将它们与昆虫混淆，因为它们没有翅膀和触角，并且比昆虫多一对足。它们是肉食性掠食者，通过伏击来捕获猎物或一些物种通过网：被称为丝囊的腺体中产生的丝，进而被制成网，这些网既用于狩猎，也用于固定、移动、筑巢、保护产卵或包裹猎物。这些丝是一种非常结实的（据说是钢的5倍）、有弹性的（弹性是尼龙的3倍），以及非常轻便的材料，它被用于制作降落伞和防弹衣。在进食方面，蛛形纲动物会预先消化它们的食物（主要是昆虫和其他节肢动物），因为只有一些螨虫可以摄取固体颗粒。其他物种是寄生的，有些携带病菌，如蜱。

繁殖

　　蜘蛛和蝎子经常进行复杂的求偶仪式，其中涉及不同类型的刺激，包括与性吸引相关的物理（视觉、触觉、听觉）和化学（气味和荷尔蒙）刺激。它们通常是卵生的，但在蝎子中，幼体在母体内发育，出生时是活的并立即爬到母体上，在那里它们将一直得到照顾和保护，直到它们独立为止。这个群体的所有幼体的发育总是直接的，因为它们不经过变态发育成为成体，只经历不同的蜕皮生长。

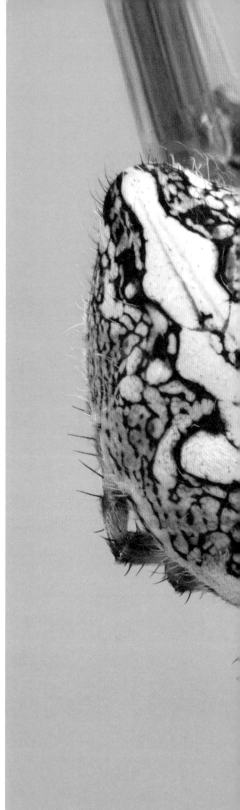

避日目（*Solifugae*）

无鞭目（*Amblypygi*）

蛛形纲的主要分类

蜘蛛目（*Araneae*）
它们的前体和后体由称为花梗的狭窄的腰部相连。它们的螯肢通常含有毒液。

蝎目（*Scorpiones*）
它们有螯足状的大触肢，尾部末端有螯针。它们是一个非常多样化的群体，分布在世界各地。

蜱螨目（*Acari*或*acarina*）
它们有近5万种已知的种类，还有10万～50万种未知的种类。它们居住在陆地和水生环境。

盲蛛目（*Opiliones*）
与长腿蜘蛛相似，它们没有狭窄的腰部（花梗）和毒液。它们通常生活在潮湿的环境中。

避日目（*Solifugae*）
它们的躯干被传感丝覆盖。有大的螯肢和长的触肢，但没有毒液。

拟蝎目（*Pseudoscorpionida*）
它们的名字来自其螯足，与真正的蝎子相似，但没有螯针。

须脚目（*Palpigradi*）
它们体形微小，从1毫米到3毫米不等，没有色素沉着，因此呈半透明色，有一条由刚毛或毛组成的很长的尾巴。

有鞭目（*Uropygi*）
它们以鞭蝎或鞭蛛为代表，并为人所熟知，其形态与蝎子相似，但其尾巴的作用是排出酸（主要是醋酸）来保护自己。

无鞭目（*Amblypygi*）
它们的触肢高度发达，有坚硬的刺用来固定猎物，而第一对足又长又细，具有感知功能。

裂盾目（*Schizomida*）
它们是热带和亚热带地区的居民，最大长度为7毫米。它们与有鞭目相似，但前体分成3个区域。

节腹目（*Ricinulei*）
它们只有58种本地化物种，分布在南美洲和非洲。最显著的特点是它们拥有一个小的有关节的头盖，其下垂时覆盖口器，并可以随意抬起。

红丝绒螨

　　绒螨科大约包含250种物种，其中最著名的一种是红丝绒螨（*Trombidium holosericeum*）。尽管属于蜱螨亚纲（在希腊语，意为"不能被切割的小动物"），但这些螨虫不会被忽视。第一个因素是它的长度，它是绒螨科中已知的最大物种之一，第二个因素是它的颜色。

　　红丝绒螨的成虫生活在富含有机物的土壤中，靠风从一个地方移动到另一个地方：它们编织丝线，等待气流到达将它们运送到另一种植物上。

　　它们白天活跃，而晚上则把自己埋起来，在最冷的月份里冬眠。它们一直待在地下，直到开始下雨时，它们才突然大量出现。因此，当它们大量出现时，通常意味着即将进入雨季。

　　它们几乎没有捕食者，除了它们自己，因为它们会同类相食。成虫有时甚至成为幼虫的宿主。这些幼虫侵扰许多被认为对农作物有害的昆虫。它们将螯肢插入宿主的外骨骼，通过伤口吸食血液或血淋巴。它们通常不会杀死它们的宿主，但对宿主的生存、健康和繁殖率都有负面影响。

繁殖

　　它们的交配仪式是非常精致的。雄性将它们的精包（装有精子的囊）放置在草叶或植物茎上，科学家们称之为"爱情花园"。为了吸引异性，它们会制作一条茂密的丝路，通往所谓的"花园"。当雌性接受邀请时，它们会坐在精包上让自己受精。然而，如果另一只雄性发现了丝迹，它就会破坏精包并将自己的精包放置在原精包的位置上。

红丝绒螨属于蛛形纲蜱螨亚纲，它们有利于生物防治，因为除参与土壤分解外，它们还以害虫为食。

红丝绒螨
（*TROMBIDIUM HOLOSERICEUM*）

　　传统上，蜱螨目被认为是蛛形纲的一个目，但人类最近研究后，将它提升为一个亚纲。

目：恙螨目
科：绒螨科
食物：
　　幼虫，寄生于蟋蟀、蜻蜓和蚱蜢，也寄生于哺乳动物
　　成虫，以节肢动物为食，如白蚁、蚜虫、甲虫卵、蜘蛛等；它们也同类相食
长度：3～4毫米
寿命：最多1年
分布：古北界（欧洲、喜马拉雅山以北的亚洲、北非以及阿拉伯半岛的北部和中部地区）

它们将卵产在土壤的上层，当幼虫孵化时，它们会附着在各种节肢动物，也包括脊椎动物身上。最后它们从宿主身上脱离、掉落并钻入土壤中，在那里化蛹，然后成为成虫出现。

外骨骼

它们有天鹅绒般的外表，因为被鲜红色的毛包裹着，绒毛可以作为传感器，保护它们，并使它们对化学杀虫剂有很强的抵抗力。

躯干

像所有的蛛形纲动物一样，成体有4对足，但它们的头胸部和腹部完全融合在一起，没有外在的分离迹象。

口器旁的肢

口器两侧是螯肢，用来捕捉和摄取食物，而触肢则用来定位和控制它们的猎物。

颜色

引人注目的鲜红色是由于它们有对潜在捕食者有毒的类胡萝卜素，因此具有警示作用。

盲蛛目

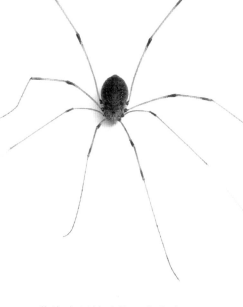

　　盲蛛目动物，又称为收割者（segadores），尽管人们经常将其与蜘蛛混淆，但它们不是蜘蛛。它们单为一个目，拥有47个科，据称有6000多种物种分布在世界各地，除极地地区外，最著名的物种之一是盲蜘蛛（Phalangium opilio）。

　　它们是少数能够吸收固体颗粒的蛛形纲动物之一，而不仅仅是液体，由于没有过滤系统，它们更容易接触到寄生虫和病原体。

行为

　　它们几乎听不到东西（据称只能分辨明暗），嗅觉也不发达，因此它们的主要感官是触觉。它们的足充当传感器，经常使用最长的第2对足，其在它们移动时像触角一样在空中移动。当遇到危险时，它们可能会自发地截断肢体，以分散潜在捕食者的注意力，就像蜥蜴舍弃它们的尾巴一样，而且由于被截断的肢体不会再生，所以很难找到保持全部8只足的个体。

　　它们有许多敌人，如昆虫、蜘蛛、鸟类、两栖动物或哺乳动物，因此它们被迫发展出其他防御机制，例如装死或摇晃身体。如果这些都不起作用，它们会在腺体的帮助下进行攻击，在没有毒液的情况下，它们的腺体会分泌一种非常令人讨厌的物质，该物质有令人恶心的气味和味道，可起到驱赶作用。它们只要喷洒自己一身或喷到攻击者身上，就足以达到威慑效果。

　　作为夜行性动物，它们白天通常躲在黑暗的地方，因为它们喜欢潮湿、阴凉的地方。它们可以聚集在一起，形成由数百个个体组成的生活群体。

　　它们可成为具有攻击性的捕食者，甚至似乎能够实施伏击战略，即用触肢突然捕捉小型节肢动物。

　　它们以各种节肢动物为食，充当了生物害虫的控制者；因为它们对环境变化非常敏感，是很好的环境指示器。

盲蜘蛛

（PHALANGIUM OPILIO）

目： 盲蛛目

科： 长踦盲蛛科

食物： 软体节肢动物（蚜虫、毛虫、蚱蜢、甲虫幼虫、螨虫、蛞蝓和其他盲蛛）、死昆虫和腐烂的有机物

长度： 躯干在4~8毫米，足长达5厘米

寿命： 数月，视情况而定

分布： 栖息于北美洲、欧洲和亚洲温带地区，栖息地多样

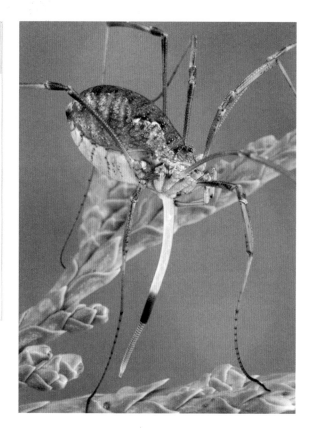

盲蛛产卵。盲蛛源自拉丁语Opilio，意为"牧羊人"。这个名字似乎来源于古代欧洲的牧羊人，他们踩在高跷上以便看管好自己的羊群，或者来源于它第2对足的运动，这让人想到牧羊人赶羊群的手杖。

繁殖

　　盲蛛目动物还有一个特征，即它们已经进化出一种可以直接交配的阴茎，这使得它们在蛛形纲动物中与众不同。求偶通常是快速而有接触的，交配时则面对面，因为雌雄两性的生殖器都在口器的下面。

　　交配后，雌性通常会吞食雄性，随后会用其巨大的产卵管在腐烂的树桩、裂缝或岩石下产下约10个卵。根据条件不同，这些卵将需要20天到5个月的时间来孵化。

　　幼体在两三个月内成熟，附着在地面上，而成体会迁移到较高的植被层、墙壁、住宅的墙壁等。

外骨骼

　　它们背部有棕色调的菱形花纹，不过雄性有时完全是深色的，而雌雄两性的腹部都是浅色的。雌性更大。

头部和身体

　　与蜘蛛不同，它们的头胸部和腹部融合，形成了紧凑的身体。它们只有两只眼睛，螯肢没有毒液，呈钳形。它们不产丝。

足

　　它们有八只非常长、细且有棱角的足。它们将第2对足，用于触觉感应。

织网蛛

它们是最有名的，因为它们留下了清晰的痕迹证明其存在：蜘蛛网，几乎一生都在网上度过，这也是它们的捕猎方式。这些蜘蛛的足是没有毛的，因为会被丝缠住，它们非常擅长垂直移动，悬挂在网上，甚至大多数蜘蛛不能在平地上行走。它们有6~8只小眼睛，用它们的眼睛显然几乎无法区分光和影，因此它们通过嗅觉和触觉来感知世界，通过看似细软却极其坚韧的网来集中接收振动。蜘蛛网的丝最初是一种黏稠的蛋白质物质（由丝腺产生），当它们通过丝囊向外吐出并与空气接触时就会变硬。每个丝囊会产生一种不同类型的丝，最多7种：一种用于包裹猎物，一种用于编织覆盖和保护卵的外壳，其他的用来织网。它是已知的用途最广泛的材料，因为它可以拉伸到其长度的20倍而不会断裂。

园圃蜘蛛或十字园蛛
Araneus diadematus
长度：5~20毫米
分布：西欧和北美洲

八痣蛛
Araniella cucurbitina
长度：4~8.5毫米
分布：欧洲、亚洲和北美洲

方园蛛
Araneus quadratus
长度：8~17毫米
分布：欧洲和中亚

横纹金蛛
Argiope bruennichi
长度：6~20毫米
分布：欧洲、亚洲和北非

假黑寡妇蜘蛛
Steatodea grossa
长度：6~10.5毫米
分布：欧洲、美洲、亚洲和北非的阿尔及利亚

家幽灵蛛
Pholcus phalangioides
长度：7~9毫米
分布：世界各地

丽楚蛛
Zygiella x-notata
长度：7~11毫米
分布：欧洲、西亚和美洲

两刺蜘蛛
Poecilopachys Australasia
长度：3~8毫米
分布：澳大利亚

希氏尾园蛛
Arachnura higginsi
长度：2~16毫米
分布：澳大利亚

热带圆网蛛
Eriophora ravilla
长度：13~24毫米
分布：美洲

叶金蛛
Argiope lobata
长度：6~25毫米
分布：非洲、亚洲和南欧

水蛛
Argyroneta aquatica
长度：8~15毫米
分布：欧洲和亚洲

黑隆头蛛
Eresus cinnaberinus
长度：9~16毫米
分布：欧洲和北非

红背蜘蛛
Latrodectus hasselti
长度：4~10毫米
分布：澳大利亚

金丝蜘蛛
Nephila clavipes
长度：9~40毫米
分布：美洲

弗洛伦蒂斯蜘蛛
Segestria florentina
长度：14~22毫米
分布：南欧、北非、南美洲的阿根廷和大洋洲的澳大利亚

巨大房蛛
Tegenaria gigantea
长度：12~18毫米
分布：欧洲、中亚、北非和北美部分地区

智利隐士蛛
Loxosceles laeta
长度：8~12毫米
分布：南美洲和北美洲的加拿大、北欧的芬兰和西欧的西班牙、大洋洲的澳大利亚

其他物种

鞭蜘蛛
Argyrodes colubrinus
长度：13~22毫米
分布：澳大利亚

鬼面蛛
Deinopis aurita
长度：15~25毫米
分布：美洲、非洲、亚洲和大洋洲的澳大利亚

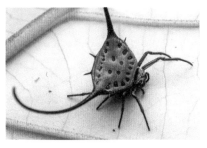

美洲黑寡妇蜘蛛
Latrodectus mactans
长度：12~35毫米
分布：北美洲

达尔文树皮蛛
Caerostris darwini
长度：6~18毫米
分布：马达加斯加

弓长棘蛛
Gasteracantha arcuata
长度：8~10毫米
分布：亚洲

横纹金蛛

这种原产于地中海沿岸国家的金蛛属（*Argiope*）动物，也被称为编篮蜘蛛或黄蜂蜘蛛，自20世纪以来一直在扩散，在中欧和北欧这些不太温暖的地区定居。它非常鲜艳，因为颜色而得名，它所结的网也不同凡响，网的直径在50～90厘米。

它奇特的身体起到了"警戒作用"。也就是说，它具有防御功能，因为它呈现出醒目的颜色，向潜在的捕食者表明其具有毒液，同时它试图通过伪装成一只巨大而危险的黄蜂来迷惑捕食者。

它所结的网就在地面上方，呈圆形，透明，有黏性；最具特色的是网上有一个由蜘蛛编织的标记，一般在网的中心，由密密麻麻的珍珠色的丝制成，呈垂直的"之"字形，其功能未知。它最初被认为是为了稳固网，因此被称为"稳定剂"，然而其他理论认为它被用来使网变得明显，以避免鸟类的破坏，或帮助吸引猎物，或收集水。

金蛛属动物的食物以昆虫为主，但它能够吃掉比自己大两倍的动物。猎物一接触到蜘蛛网，蜘蛛就会迅速扑上去并将其固定住，用丝线将其包裹在一个茧中。然后它将消化液引入捕获物，捕获物溶解，变成能被蜘蛛摄取的液体。

毒性

它对人类无害，其叮咬一般与蚊子的叮咬相当，至多相当于黄蜂叮咬。

繁殖

小得多的雄性在雌性附近结网，并等待其性成熟（每年7月或8月），这与雌性最后的脱壳时间相吻合。就在这时，雄性趁着雌性的螯肢还柔软，没有被吞噬的危险，让其受精。然而，在交配结束时，雄性必须迅速撤离，以免成为其伴侣的食物。为了确保父亲的身份，在匆忙逃走时，雄性的性器官会破裂，留在雌性体内并阻止其他雄性的交配行为。受精后，雌性会变大，在中秋时节将卵产在一个由几层丝组成的袋中（卵囊），其外层是褐色的，可保护300～400个卵免受风吹雨打。母蛛在第一个寒冷的日子里死去，恰好就在冬天来临之前，幼蛛孵化，它们会一直在囊中受到保护，待到第二年春天才四散离去。

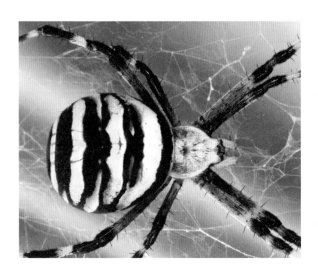

金蛛属（*Argiope*）这个名字来自希腊语 *Argos* 和 *ops*，*Argos* 意为"发亮的"，而 *ops* 的意思是"眼睛"，即"发亮的眼睛"。这种蜘蛛的眼睛在黑暗中会发光，因为它们有一层特殊结构，即脉络膜层（*tapetem lucidum*），就像一面镜子一样将光线反射回去。

横纹金蛛
（*ARGIOPE BRUENNICHI*）

目： 蜘蛛目

科： 金蛛科

食物： 昆虫，主要是直翅目（蚱蜢和蝗虫）和膜翅目（蜜蜂和黄蜂）

长度： 雌性，20毫米；雄性，6毫米

寿命： 成体样本，4个月或5个月

分布： 欧洲、北非和亚洲部分地区

外骨骼

雌性的前体覆盖着丝状的灰色毛，而盾形的后体呈白色和黄色，有蜿蜒的黑色斑纹横贯，使其看起来像虎皮纹。雄性比雌性小得多，颜色也更深；腹部更长，有两条几乎看不见的棕褐色纵线。

足

它们的足被一种蜡覆盖，可防止它们被粘在网上。雌性的四肢颜色较浅，有黑色的环，而雄性则有黑色斑点。

眼睛

它们有8只眼睛；其中4只在中心形成一个正方形，每边一对。尽管如此，它们的视力非常有限，为了确定猎物的位置，它们靠网的振动来引导方向。

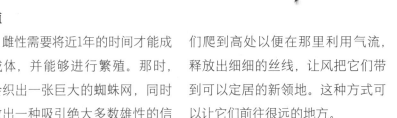

园圃蜘蛛

　　这种蜘蛛在北半球相当常见，在花园和野外都可以找到，它主要停留在潮湿地区和河岸的灌木丛中，那里有大量的猎物。由于它的腹部的白色图案，类似于孔波斯特拉的倒十字形，因此很容易辨认。

　　园圃蜘蛛最突出的特点是其所结的几何网，像是一件大自然的艺术品。垂直方向，在直径40厘米的位置，通常有25～30根辐射状的丝（幼体的会更多）形成12°～15°的规则角度。与其他结网蜘蛛一样，每根丝线都是由一种非常罕见的蛋白质——丝蛋白制成的，其抗拉强度甚至高于钢。此外，蜘蛛网的设计让通常位于螺旋形中心的蜘蛛能够感知来自网的任何部分的振动，并采取相应的行动。当它察觉到猎物掉下来时，它会迅速将其固定住并用蜘蛛丝将其包裹起来，直到夜幕降临，这时它把网（循环利用蛋白质）和被困的猎物一起吞掉，吸食干净，然后丢弃空壳。第二天早上它会结一个闪闪发光的新网。

繁殖

　　雌性需要将近1年的时间才能成为成体，并能够进行繁殖。那时，它会织出一张巨大的蜘蛛网，同时释放出一种吸引绝大多数雄性的信息素；雄性小心翼翼地靠近，以免被吞食，并筑起一张"安全"网，交配后立即跳入其中，以免成为其伴侣的食物，然后逃离。夏末，雌性产下一个或多个如同茧一样用丝覆盖着的卵，将卵藏在裂缝或树皮中，不久它就会死亡。幼体在第二年春天离开茧，并聚集在一起直到第一次蜕皮。那时它们使用类似滑翔伞的飞行技术开始四散离开。它们爬到高处以便在那里利用气流，释放出细细的丝线，让风把它们带到可以定居的新领地。这种方式可以让它们前往很远的地方。

毒性

　　尽管它的名声不好，但园圃蜘蛛的咬伤最多导致人类局部肿胀，或多或少会有些疼痛，没有生命危险。

干净的蜘蛛网，传统上被用来为伤口止血或处理割伤。

园圃蜘蛛
（*ARANEUS DIADEMATUS*）

目： 蜘蛛目

科： 园蛛科

食物： 黄蜂、蜜蜂、豆娘、蝴蝶、苍蝇、蚊子、蜉蝣等

长度： 雄性，5～13毫米；雌性，6～20毫米

寿命： 2年

分布： 西欧并被引入北美

外貌

颜色多变，从淡黄色到几乎呈黑色的深褐色，腹部有许多乳白色的点，其中较大的点形成了该物种特有的十字。在腹部末端有3对分泌丝的丝囊。

眼睛

它们有8只眼睛，其中4只在前面形成一个正方形，另外每边有两只。

足

它们在蜘蛛网上行动相当熟练。第1对足较长，用于探索，这要归功于它用于感应的毛；而第3对较短，用于结网和包裹猎物。

捕猎蛛

由于它们好逃避的习惯和好隐藏或不想被注意的脾性，这些蜘蛛没有织网蛛那么为人所知，它们不使用黏性陷阱来获取食物，而是更喜欢肉搏。它们的视力非常好，有8只眼睛，其中两只很大且在正面，其他的则分布在头部的周围。腿部通常很强壮且多毛，特别是在"脚"上，它们的脚上有一种足毛刷，或称"步足毛束"，这使得它们在任何表面都有很好的抓力。这些蜘蛛可以根据其捕猎策略分为两组：等待的和主动寻食的蜘蛛。前者试图不被注意，要么躲在隐蔽的地方，要么通过拟态，耐心地等待，伸出4只前足，等待猎物出现。更活跃的"寻食者"通常是棕褐色的，拥有最好的视力，由于长而细的毛，它们能够"听到"声音，可以捕捉到任何振动，而且它们腿上靠近关节处的垫子能够感知到底层的轻微运动。

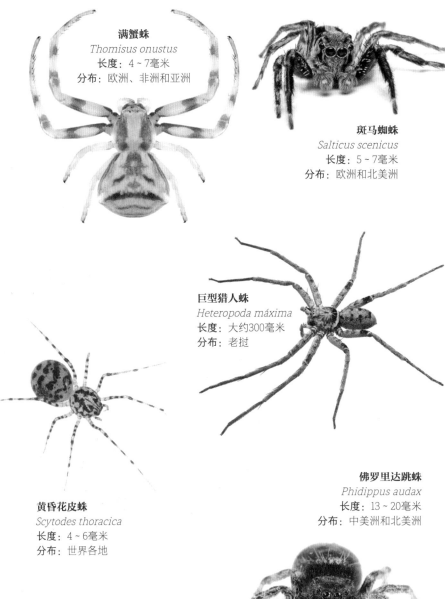

满蟹蛛
Thomisus onustus
长度：4~7毫米
分布：欧洲、非洲和亚洲

斑马蜘蛛
Salticus scenicus
长度：5~7毫米
分布：欧洲和北美洲

巨型猎人蛛
Heteropoda máxima
长度：大约300毫米
分布：老挝

黄昏花皮蛛
Scytodes thoracica
长度：4~6毫米
分布：世界各地

佛罗里达跳蛛
Phidippus audax
长度：13~20毫米
分布：中美洲和北美洲

黄囊蜘蛛
Cheiracanthium punctorium
长度：7~10毫米
分布：欧洲和中亚

孔雀蜘蛛
Maratus volans
长度：大约5毫米
分布：澳大利亚

板蟹蛛
Platythomisus octomaculatus
长度：4~20毫米
分布：非洲和东南亚

狼蛛
Lycosa hispánica
长度：25~30毫米
分布：伊比利亚半岛

弓足梢蛛
Misumena vatia
长度：8~12毫米
分布：欧洲、北美洲和亚洲

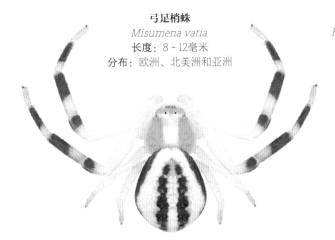

翡翠跳蛛
Paraphidippus aurantius
长度：4~8毫米
分布：中美洲和北美洲

红背跳蜘蛛
Phidippus johnsoni
长度：9~10毫米
分布：北美洲

绿蟹蛛
Diaea dorsata
长度：4~6毫米
分布：欧洲和亚洲部分地区

奇异盗蛛
Pisaura mirabilis
长度：13~15毫米
分布：欧洲、亚洲和北非

三角蛛
Arkys lancearius
长度：5.5~8毫米
分布：澳大利亚

其他物种

巴西游走蛛
Phoenutria phera
长度：35~50毫米
分布：中美洲和南美洲

阿根廷狼蛛
Lycosa pampeana
长度：20~30毫米
分布：阿根廷

圆腹盘腹蛛
Cycloscomia truncata
长度：25~35毫米
分布：北美洲、中美洲、东亚和
东南亚

跳蛛
Simaetha thoracica
长度：5~6毫米
分布：澳大利亚

艾舞蛛属（未定种）
Eusparassus dufouri
长度：13~17毫米
分布：南欧和北非

粗糙毛蟹蛛
Heriaeus hirtus
长度：5~11毫米
分布：南欧

绿猞猁蛛
Peucetia viridans
长度：12~22毫米
分布：中美洲和美国南部

悉尼漏斗网蜘蛛
Atrax robustus
长度：50~70毫米
分布：澳大利亚

绿猞猁蛛

绿猞猁蛛属于猫蛛科（Oxyopidae），这个词可能源自希腊语oxys，意思是"敏锐的""尖利的"，而opsis意思是"视力"，视觉灵敏是它的强项之一。

就其本身而言，绿猞猁蛛这个通用的名字是由于这种动物的狩猎策略，因为它不结网，而是跟踪和追捕猎物，以极大的灵活度在草地和低矮的灌木丛中奔跑，然后像猫一般精准地扑向猎物。它们甚至可以跳到空中捕捉飞行中的昆虫。它们基本上是昼行性动物，捕食战术高超，因为其拥有可与狼蛛媲美的敏锐的视力，而且速度非常快。此外，它明亮的绿色使其能够与植被融为一体，在等待食物出现时不易被注意到。但是，如果它感到威胁，它有一种罕见的能力，可以在最远30厘米的距离内将毒液直接喷到对方的眼睛里。它是除了花皮蛛科（Scytodidae）外唯一能够做到这一点的蜘蛛，花皮蛛科的蜘蛛因这项技能而被命名为"喷液蛛"。

绿猞猁蛛因可被用于生物防治而引起了人类的兴趣，它非常贪吃，捕食某些蛾类（成虫和幼虫），这些蛾类是对棉花、水稻或卷心菜等农作物危害最严重的昆虫之一。然而，它不进行选择，蜜蜂等对人有益的昆虫也是其猎物。

繁殖

夏末，绿猞猁蛛挂在细丝线上，在空中进行交配。受精几周后，雌性开始产出1~3个卵鞘，每个卵鞘大约有200个卵（它可以产25~600个卵），呈橙色，用丝包裹着，它将其固定在树枝或植物上，并将陪伴它的卵，积极保护卵免受任何威胁。那时，它可能会将腹部的颜色略微改变，变成更偏秋季的颜色，如紫色或黄色。幼体在囊中进行第一次蜕皮，大约15天后，当它们完全成形时，母亲会用下颚撕开覆盖它们的茧帮助它们出壳。小蜘蛛在附近再停留15天左右，然后分泌丝线，帮助它们通过飞行四散离开。一旦在新家定居，它们就会在此越冬并在第二年春天成熟。

毒液

尽管它们可能具有攻击性，尤其是雌性，但由于它们刻意保护自己的卵囊，这种蜘蛛不轻易攻击人类。不管怎样，毒液可能会引起一点疼痛和轻微的炎症，而不会产生严重后果。

绿猞猁蛛
（*PEUCETIA VIRIDANS*）

目：蜘蛛目
科：猫蛛科
食物：节肢动物（32%为蜘蛛，68%为其他昆虫）
长度：雌性，12~22毫米；雄性，10~12毫米
寿命：1年
分布：美国南部和中美洲，包括安的列斯群岛和巴哈马群岛

该物种的特点之一是它在紫外线下呈现出一定程度的荧光。

外貌

　　这种蜘蛛的颜色是明亮的绿色，腹部饰有白纹，呈细长状；在它的眼睛之间、身体和足上也可能呈现红色的斑点。

足

　　它们的四肢很长，比身体的颜色还要暗淡，长着类似刺的黑色长毛和黑斑。

眼睛

　　它们有8只眼睛；6只在头部周围形成一个六边形图案，另外两只较小的，在正面位置。眼睛周围覆盖着扁平的白毛。

狼蛛

这种伊比利亚狼蛛被认为是地中海狼蛛即塔兰托狼蛛（*Lycosa tarantula*）的一个亚种，但2013年的最新研究表明，它们是不同的物种。

狼蛛之所以得名，一方面是由于它非常特别的捕猎方式，因为它不结网，而是追赶猎物，直到抓到它们；另一方面是由于它多毛、呈棕褐色的体貌，给它提供了一个与周围环境融为一体的绝佳机会。

虽然白天人们能看到它，但它是夜行性动物，作为一个孤独的猎手，它依靠其敏锐的视力和极快的速度在地面上积极寻找猎物。它会扑向猎物，用触肢抓住它，并通过它的螯肢注射毒液。

雌性一生都生活在它的巢穴中，巢穴建在地面上，它潜伏在巢穴入口处准备狩猎。雄性则在领地内漫游以寻找猎物和配偶。两者都利用巢穴进行冬眠。巢穴由一个垂直的走廊组成，走廊长度可以达到30厘米。巢穴入口处包裹着草和用丝连在一起的小棍子，形成了一个小陷阱，用来躲避它的主要敌人——蝎子的攻击。巢穴的深度有助于雄性评估雌性的适宜性，因为如果雌性能得到很好的保护，不受捕食者的侵扰，就能够更好地进行产卵。

繁殖

雄性伊比利亚狼蛛会进行复杂的求偶活动。当它探测到雌性的踪迹时，它会靠近雌性的巢穴并通过摩擦（鸣声）发出一些声音，雌性则通过振动来回应。

雌性接受雄性的行为并不意味着雄性将成为其孩子的父亲，因为在这个物种中性食同类现象非常频繁，它可能在交配前（对于非常贪吃和好斗的种类），交配中，或通常在交配后（较温顺的）吞食雄性。

随着可交配的雄性数量越来越多，性食同类现象更加频繁，这种做法给伊比利亚狼蛛带来了重要的生物收益，因为它们比那些只去捕猎的物种拥有更多和更高质量的后代。但只要有机会，雄性就会从上方抱住雌性，并用它的触肢射入精液；交配可能持续几分钟或几小时。1～8周后，卵鞘或丝袋形成，含有约100个卵，雌性会一直随身携带并尽心保护。大约1个月后，幼体孵化，在第1次蜕皮后，它们借助长有钩状毛的足爬到母亲的腹部。母亲带着幼体几个星期，直到幼蛛有足够的自主能力才会四散离开。

在中世纪，人们认为跳塔兰泰拉舞可以治疗一种叫作毒蛛舞蹈症的疯病，据说该病是由狼蛛的咬伤引起的。

雌穴栖狼蛛
（*LYCOSA HISPANICA*）

目： 蜘蛛目
科： 狼蛛科
食物： 节肢动物，包括其他蜘蛛和小型两栖动物或爬行动物
长度： 雌性，27～30毫米；雄性，19～25毫米
寿命： 雄性，最长2年；雌性，4年或更长
分布： 伊比利亚半岛

毒液

狼蛛并不轻易咬人，因为它的视力很好，一般会躲避大型生物。如果被它咬了，也不会比黄蜂蜇的感觉更痛，因为狼蛛的毒液只是用来杀死小型节肢动物的。

外貌

它有点毛茸茸且粗壮的外貌，呈棕色，有一些深色、灰色或橙色的斑纹。雌性的颜色比雄性的更深，雌性的体形更大。

眼睛

这种蜘蛛的主要特征之一是其出色的视力，鉴于其捕猎方式，这一点至关重要。它有8只眼睛，分为3排，小眼睛感知运动，大眼睛聚焦。

螯肢

第一对附肢突出，与其他蜘蛛相比是相当大的，其中包含对捕猎和防御很有效的毒肢。

斑马蛛

它是组成跳蛛科的4000种物种之一，也被称为跳跃者或捕蝇者。它是一个积极的捕食者，可以捕食比自己大3倍的昆虫。名称中的"斑马"是指其腹部或后体显露的黑白相间的条纹。

它是昼行性动物，喜欢在靠近人类的地方生活，在墙壁、外墙或阳光充足的岩石上。它不用结网来捕捉猎物，而是通过埋伏来捕猎。得益于它的颜色，它可以悄悄地接近它的目标而不被发现，然后跳到猎物身上，其能够跳出数倍于自己身体的距离，速度为0.8米/秒。此外，如果条件允许，在跳跃时它会在起点处连接一根丝线，这能保证它的安全，并可以随时返回。

这种蜘蛛最引人注目的是它的足没有肌肉，也不像我们的肢体那样用关节连接，而是通过液体（血淋巴）从一些内腔注入另一些内腔；换句话说，通过一种液压泵，它们能够精准地向任何方向发射，甚至是侧向或反向。但为了知道要跳到哪里，首先它必须计算出自己与猎物的确切距离，所以它的8只眼睛中，有两只在正面，非常大且视力发达，具有双眼视觉，可以形成详细的图像。这些眼睛有多层视网膜，其中一层接收聚焦的图像，还有一层是模糊的，使其能够精确地测量跳跃的长度。

繁殖

如果雄性在求偶过程中相遇，它们可能会变得具有攻击性，通过抬起前腿来威胁对方。最勇猛的通常是胜利者，为了博得雌性的好感，它将进行视觉化的求爱，将触肢、第一对肢体和腹部上下移动。

如果一直在认真观察的雌性最终接受了它，雌性会蹲下，让雄性爬到上面并射入精液。幼体在一个被丝覆盖的卵囊中发育，母亲将卵囊藏在岩石下，并守卫在那里，直到幼体通过孵化成为幼蛛，并完成第二次蜕皮（因为它们在此之前是没有视觉的），变得独立。

毒液

它的螯肢中有毒液，但此蛛非常小，它的咬伤不太可能对人类造成伤害，甚至不太可能刺破人的皮肤。

研究人员正试图复制这种蜘蛛的视觉系统以制造3D相机、可以计算与物体之间距离的机器人。

斑马蛛
（*SALTICUS SCENICUS*）

目： 蜘蛛目

科： 跳蛛科

食物： 苍蝇、蚊子、蝴蝶、飞蛾、蜜蜂、黄蜂、蚂蚁和其他蜘蛛，甚至同一物种的蜘蛛

长度： 雌性，4~7毫米；雄性，5毫米

寿命： 1~3年

分布： 常见于整个欧洲和北美洲（加拿大南部、墨西哥北部及格陵兰岛）、南美洲的阿根廷、非洲的尼日利亚和亚洲的阿富汗

外貌

它们外观结构紧凑，覆盖着带有白色条纹的深色毛。雄性与雌性有很大的不同，雄性体形略小，有更大且几乎水平延伸的螯肢。

眼睛

它们有4只眼睛在正面，其中两只是主眼，在两侧有两只较小的眼睛；其余4只排列在头部周围和后上部（差不多在头顶），这使得它拥有360°的视野，这种蜘蛛的视觉感在节肢动物中也是一个特例。

足

它们的足被毛覆盖，且"脚"上有一层特别密集的毛，其身体上的情况也一样，这使得斑马蛛能够附着在光滑、垂直的表面上。此外，这种蜘蛛的后足完全是空心的，当其中充满液体时，可以使它非常快速地、大距离地跳跃，非常特别。

捕鸟蛛

　　捕鸟蛛不存在于亚洲、非洲、欧洲，尽管第一次使用该名称是指南欧的狼蛛（*Lycosa spp.*）。它们是蛛形纲动物界的巨人，它们的外壳覆盖着坚硬的毛。此外，许多捕鸟蛛的后体上有一层密集的致痒的蛰毛，它们用这层毛来对付以及防御潜在的捕食者，因为它们可以在一定距离内投掷蛰毛，从而引起皮肤刺激，迫使侵略者离开。它们独居，通常在夜间活动，生活在热带和温带地区，在那里它们捕食节肢动物、小型啮齿动物和一些两栖动物。它们可分为3种类型：地栖（体重大，身体粗壮，圆形的腹部覆盖着短而稀疏的毛）；树栖（长腿，它们在树间或房顶上结网）；地下栖（它们有细长的身体，住在它们自己挖掘的地下通道中）。目前正在研究使用它们的毒液来缓解疼痛，因为其与吗啡类似，却没有副作用。

墨西哥火脚蜘蛛
Brachypelma boehmei
长度：110～125毫米
分布：墨西哥

多哥星团树巴布蜘蛛
Heteroscodra maculata
长度：120～130毫米
分布：非洲

墨西哥红尾蜘蛛
Brachypelma vagans
长度：120～140毫米
分布：中美洲

巴西白间红尾蜘蛛
Nhandu chromatus
长度：120～150毫米
分布：南美洲

哥斯达黎加斑马脚蜘蛛
Aphonopelma seemani
长度：130～150毫米
分布：中美洲

巴西红毛蜘蛛
Nhandu carapoensis
长度：130～150毫米
分布：南美洲

巨人捕鸟蛛
Theraphosa blondi
长度：280～300毫米
分布：南美洲

墨西哥红膝蜘蛛
Brachypelma emilia /
Brachypelma smithi
长度：120～125毫米
分布：也门

千里达橄榄金蜘蛛
Holothele incei
长度：70～80毫米
分布：委内瑞拉和特立尼达

索科特拉蓝巴布
Monocentropus balfouri
长度：150～170毫米
分布：也门

喀麦隆红巴布
Hysterocrates gigas
长度：180～200毫米
分布：喀麦隆

哥斯达黎加老虎尾蜘蛛
Cyclosternum fasciatum
长度：100～120毫米
分布：中美洲

非洲橙巴布蜘蛛
Pteranochilus murinus
长度：110～130毫米
分布：非洲

蓝宝石华丽雨林蜘蛛
Poecilotheria metallica
长度：150～200毫米
分布：印度

金属粉趾蜘蛛
Avicularia metallica
长度：120～127毫米
分布：苏里南

泰国金属蓝蜘蛛
Haplopelma lividum
长度：120～130毫米
分布：缅甸和泰国

哥伦比亚红脚蜘蛛
Megaphobema robustum
长度：150～200毫米
分布：哥伦比亚和巴西

墨西哥火膝头蜘蛛
Brachypelma auratum
长度：120～140毫米
分布：墨西哥

红绿橙毛蜘蛛
Chromatopelma cyaneopubescens
长度：130～140毫米
分布：中美洲

巴西白膝头蜘蛛
Acanthoscurria geniculata
长度：80～100毫米
分布：南美洲

巴西黑白脚蜘蛛
Nhandu coloratovillosus
长度：150～160毫米
分布：巴西

油彩粉红趾蜘蛛
Caribena versicolor
长度：110～115毫米
分布：加勒比海

巴西黑丝绒
Grammostola pulchripes / Grammostola Pulchra
长度：200～220毫米
分布：南美洲

非洲橙巴布蜘蛛

　　它的颜色非常醒目，通常是金色的，它的身体正面有一个深色的星形图案，背面有另一个像鱼骨一样的图案。为了适应不同地方，它的体色有所不同。

　　非洲橙巴布蜘蛛的后体或身体的后部，有肺、生殖器、肛门和吐丝器的腔口。其中，吐丝器也被称为丝囊，用来喷丝和编织网，网丝是由内部的4个腺体产生。这种丝非常结实，捕鸟蛛用它来保护巢穴的墙壁、探测猎物或在进食前用作垫子。它们还使用另一种无瑕的白丝来形成卵囊或卵袋。

　　它们的足上有微小的绒毛，被称为足毛刷，这使蜘蛛能够在任何表面上攀爬，包括玻璃。在蜕皮过程中，它们会更换外壳或皮肤、口腔壁、呼吸器官、胃和生殖器官。

　　它是一种非常坚韧、生长迅速、基本上是在夜间活动的动物，太阳一落山就开始活动，并在第一缕曙光出现时归巢。适应性很强，栖息于半沙漠地区和雨林。它的巢穴内部铺着丝，巢穴通常在岩石下、覆盖着树叶的地面上、空心树干上或利用其他小动物的庇护所，这表明了它的地栖特征，尽管有些样本可能更像树栖。

　　被它咬伤虽然不致命，但极其痛苦，毒液会迅速扩散，可能会出现发烧、头晕、呕吐和肌肉痉挛。这种症状可能持续数天甚至数周。

繁殖

　　繁殖时，雄性冒着雌性将它视为入侵者并最终吞食它的风险。同样的情况也可能在交配后发生。如果被接受，求偶过程就将开始，双方都用足来振动蜘蛛网。随后，雄性会用胫骨钩或刺抱住它的伴侣，这是它在最后一次蜕皮后发育的。受精后，经过大约两个月的时间，卵囊才能形成，再经过4~8周的时间，大约200个幼体出生。这种捕鸟蛛的特点之一是，如果条件好的话，它能够在第一个之后产出第二个可以孵化很多幼体的卵囊。

它易激动和好斗，因为它几乎感受不到自己处于危险中，所以它采取了防御姿势，然后毫不犹豫地攻击而不是逃离。它的速度快到人们用"瞬间移动"来形容，除了速度非常快以外，它还可以轻易将螯牙刺入猎物，因此是一种危险的物种。

非洲橙巴布蜘蛛

目： 蜘蛛目

科： 捕鸟蛛科

食物： 昆虫、蜥蜴、老鼠和其他小动物

长度： 雌性，13毫米；雄性，不超过11毫米

寿命： 雌性存活10~13年；雄性存活3~4年

分布： 原产于非洲中部和南部，常见于肯尼亚、安哥拉、赞比亚、津巴布韦、布隆迪和莫桑比克等国家

躯干

与所有蛛形纲动物一样，分为两部分，由腹柄相连。由于没有明显的头部，前部或前体容纳了口和螯肢或螯牙、触肢、足和它的8只眼睛，它们的作用只是区分明暗而已。

口器

它的口器很小，不能摄取任何固体。它解决这个问题的方法是：通过它的像空心针一样的螯肢向猎物注入一种唾液，这种唾液中的化学成分会破坏蛋白质链，将猎物液化，然后将其吸收。

足

它有8只足和1对触肢，这是非常重要的前肢，用于嗅觉、通过振动"听"、狩猎，如果是雄性，则用于交配。

避日蛛

避日目（Solífugo）的意思是"逃离太阳的动物"，这些动物躲避光线，在夜间变得活跃，尽管也有昼行性物种，但主要物种在夜间活动。人们经常把它与蜘蛛混淆，但乍一看，它们与蜘蛛的区别在于其巨大的螯肢。

尚氏蛛属（未定种）
Chanbria rectus
长度：20～30毫米
分布：美国的加利福尼亚州

它们的躯体分为后体区和前体区。后者的比例很小，有环节，容纳了眼睛和口器，且在前体长有6对附肢：螯肢、触肢和步足。

后体比前体体积更大，向后逐渐变小。覆盖后体的坚韧的外皮更柔软，更有弹性，这使得它在摄食或雌性充满卵时，身体的这一部分可以大大伸展。后体包含主要器官和内部系统，以及呼吸器官、生殖器官和大部分消化器官。肛门位于身体的末端位置，稍偏向腹部的一侧。

它们有着毛茸茸的外貌，因为身体和足上都覆盖着无数长短不一的丝，这些丝是感觉器官。其中最重要的丝是在螯肢上。长度在15～150毫米。雄性通常体形更小，足更长。

它们的体色与它们所处的栖息地相一致，通常是干旱或半干旱地区，颜色从黑色到黄色，大多数呈黄色或棕色，有时会有红色的反光。

伊比利亚有一种特有的物种，称为"*Gluvia dorsalis*"（格氏蛛属

其他物种

居鲁士类盔蛛
Galeodopsis Cyrus
长度：20～25毫米
分布：亚洲

漠日蛛属（未定种）
Eremobates solpugid
长度：45～50毫米
分布：北美洲

格氏蛛属（未定种）
Gluvia dorsalis
长度：15～30毫米
分布：伊比利亚半岛

尚氏蛛属（未定种）
Chanbria tehachapianus
长度：20～30毫米
分布：墨西哥和美国的加利福尼亚州

尚氏蛛属（未定种）
Chanbria regalis
长度：20～30毫米
分布：美国的亚利桑那州和加利福尼亚州

喜日副盔蛛
Paragaleodes heliophilus
长度：50～70毫米
分布：中亚

三色裂皮蛛
Rhagoderma tricolor
长度：雌性，最长35毫米
分布：以色列

格氏（兰蒂）盔日蛛
Galeodes granti
长度：100～150毫米
分布：非洲

勇偏裂蛛
Rhagodeca impavida
长度：50～60毫米
分布：阿曼和也门

里海盔日蛛
Galeodes caspius
长度：45～51毫米
分布：亚洲

黑尾裂日蛛
Rhagodes melanopygus
长度：30～35毫米
分布：中亚

阿拉伯盔日蛛
Galeodes arabs
长度：100～150毫米
分布：亚洲和非洲

拟蛛盔日蛛
Galeodes araneoides
长度：33～48毫米
分布：东欧、北非和中东

未定种），在冬季最冷的几个月里，它安静地待在洞穴里，处于一种类似冬眠状态。

避日蛛几乎分布在世界各地，但在澳大利亚、新西兰、马达加斯加以及太平洋岛屿上却没有。

由于它们适应沙漠栖息地，且身体毛茸茸的，它们在英语中也被称为太阳蛛（"*sun spiders*"）或骆驼蛛（"*camel spiders*"）

行为与毒液

这些巨大的螯肢使它们具有可怕的外貌，并引出了许多传说；然而，它们无毒，对人类无害。这些好斗和贪婪的捕食者的移动速度和敏捷性非常突出，它们的食物主要是昆虫，但它们也可以捕食小型两栖动物和其他避日目动物。它们喜欢生活在温暖、干燥的地方，在那里它们挖掘庇护所，既为了保护自己，也为了产卵。

繁殖

它们直接或间接繁殖，被认为是卵生动物，因为当卵从母体出来时，胚胎已经发育得相当成熟。出生时，幼体需要经过至少8次蜕皮才能达到成熟。据称它们的寿命为1~2年。

足

第一对足比其他足更细小，更脆弱，并长有感觉器官，其功能是帮助动物在环境中确定方向；与触肢一样，这些附肢也被向前举起。其他3对是真正的用于移动的器官，最后一对是最长的，也是最强壮的。

螯肢

它们的螯肢高度发达并向前伸展，由一个固定部分和一个活动部分组成，两部分都有齿。螯肢结合了向水平和垂直方向运动的两种模式。一些物种在摩擦它们的螯肢时会发出轻微的响声，所以据说螯肢有时起到鸣声器官的作用（由身体某些部位的摩擦产生的声音）。

触肢

它们的触肢看起来像足，但它们比足更粗壮，且末端有吸附器官，使避日蛛能够在玻璃等光滑的表面上攀爬。触肢上有许多感觉绒毛，因此当避日蛛行走时，它们会将感觉绒毛抬起并向前伸展，就像昆虫的触角一样。

眼睛

它们有两只中眼，很大，可以辨别不同的形状。

蝎子

蝎子或蝎目有8只足，其中两只演化成了钳足，还有一条很长的尾巴，尾部末端为带有毒液的螫针。躯干是几丁质化的，被细毛覆盖。颜色从浅黄色到黑色，还有不同深浅的棕色，是使每个物种与环境融为一体的理想色。虽然它们有6~12只眼睛，但它们几乎无法区分明暗，嗅觉和触觉对它们来说才是真正重要的。

它们已经在除南极洲以外的所有大陆上定居，占据了热带雨林、温带森林和极端温度的沙漠。它们白天躲在庇护所里，在夜幕降临时出来觅食，主要猎物是昆虫，也有小型啮齿动物、蜥蜴或蛇。如果食物匮乏，它们会减慢新陈代谢，能够在没有食物的情况下生存1年。尽管它们的名声不好，但在已知的1500多种蝎子中，只有四分之一有对人类有害的毒液。

以色列金蝎
Leiurus quinquestriatus
长度：80~110毫米
分布：北非和中东

欧洲黄尾蝎
Euscorpius flavicandis
长度：35~45毫米
分布：非洲西北部和南欧

帝王蝎
Pandinus imperator
长度：200毫米
分布：赤道非洲

亚利桑那树皮蝎
Centruroides sculpturatus
长度：70毫米
分布：墨西哥北部和美国西南部

东亚钳蝎
Mesobuthus martensii
长度：60~65毫米
分布：中国、蒙古、日本和韩国

中东金蝎
Scorpio maurus
长度：75毫米
分布：北非和中东

狭长螯尾蝎
Urodacus elongatus
长度：90~110毫米
分布：澳大利亚南部

印度红蝎
Hottentotta tamulus
长度：50~90毫米
分布：印度、巴基斯坦和尼泊尔

伊比利亚杀牛蝎
Buthus ibericus
长度：60~65毫米
分布：伊比利亚半岛

斑等蝎
Isometrus maculatus
长度：45~60毫米
分布：原产于印度，已扩张到世界所有热带地区

缅泰大黑蝎
Heterometrus spinifer
长度：100~120毫米
分布：东南亚，包括马来西亚、泰国、柬埔寨和越南

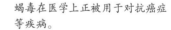

蝎毒在医学上正被用于对抗癌症等疾病。

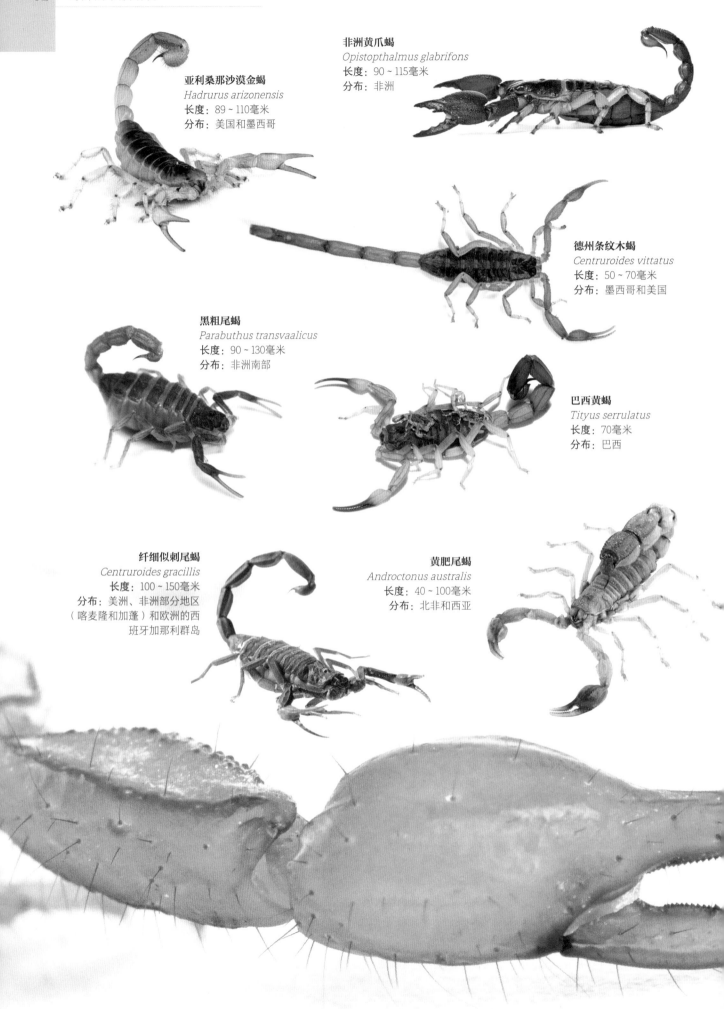

亚利桑那沙漠金蝎
Hadrurus arizonensis
长度：89 ~ 110毫米
分布：美国和墨西哥

非洲黄爪蝎
Opistopthalmus glabrifons
长度：90 ~ 115毫米
分布：非洲

德州条纹木蝎
Centruroides vittatus
长度：50 ~ 70毫米
分布：墨西哥和美国

黑粗尾蝎
Parabuthus transvaalicus
长度：90 ~ 130毫米
分布：非洲南部

巴西黄蝎
Tityus serrulatus
长度：70毫米
分布：巴西

纤细似刺尾蝎
Centruroides gracillis
长度：100 ~ 150毫米
分布：美洲、非洲部分地区
（喀麦隆和加蓬）和欧洲的西
班牙加那利群岛

黄肥尾蝎
Androctonus australis
长度：40 ~ 100毫米
分布：北非和西亚

纤细信使蝎
Lychas scutilus
长度：40~85毫米
分布：东南亚

地中海黄蝎
Buthus occitanus
长度：80毫米
分布：欧洲的葡萄牙、地中海
西部沿海地区（法国、西班牙
和北非国家），至撒哈拉沙漠
南缘地区

其他物种

肥尾杀人蝎
Androctonus Crassicauda
长度：80~100毫米
分布：北非和西南亚

黑肥尾蝎
Androctonus bicolor
长度：60~80毫米
分布：非洲东北部和中东

粒状粗尾蝎
Parabuthus ranulatus
长度：100~115毫米
分布：非洲中部和西南部

石纹信使蝎
Lychas marmoreus
长度：35~40毫米
分布：澳大利亚和新几内亚

渐黑似刺尾蝎
Centruroides nigrescens
长度：70~100毫米
分布：墨西哥

以色列耶利哥营穴蝎
Nebo hierichonticus
长度：85~110毫米
分布：中东地区

意大利真蝎
Euscorpius italicus
长度：35~45毫米
分布：非洲西北部、南欧、
西亚的伊拉克和也门

越南森林蝎
Heterometrus laoticus
长度：100~120毫米
分布：越南和老挝

翼尾伪杀牛蝎
Apistobuthus pterygocercus
长度：80~100毫米
分布：阿拉伯半岛

具棱后目蝎
Opistophthalmus carinatus
长度：60~150毫米
分布：非洲

地中海黄蝎

　　地中海黄蝎或黄蝎在其分布区里的数量非常多，尽管想看到它并不容易，因为它白天躲藏在石头下，在那里挖一个洞，晚上出来狩猎。

　　它具有一定的趋光性，可能是因为它知道在那里可以找到昆虫。它潜伏在那里等待猎物，用它的钳足抓住猎物，并通过给它们注射毒液来杀死或麻痹它们。随后，它用螯肢将猎物压碎，同时通过嘴分泌一种含有酶的液体，将食物液化以便能够摄入。

　　它是一种独居动物，在最冷的月份会通过减弱其生命体征来冬眠。它的天敌，以鸟类、蛇和两栖动物为主。

　　地中海黄蝎的特点之一是它们在紫外线下会发出荧光。一些人认为这一特征可能是某种形式的防晒，因为古代的蝎子是在白天活动的。

繁殖

　　在求偶过程中，伴侣用触肢（螯足）互相抱住，转圈圈，持续时间从几分钟到几小时不等；在这段"舞蹈"之后，雄性在地上放置一个精囊，并将雌性拖到上面，直到精包从雌性的生殖口进入。然而，受精并不是在那一刻发生的，而可能是在数天甚至数月后发生。

　　卵在雌性体内孵化，大约12个月后，雌性会产下多达60只成活幼体。出生时，只有几毫米长、颜色发白的幼体会立即爬到母亲身上，它们将一直待在那里直到其外壳的第一次蜕皮（第1~4周），这时它们将逐渐开始脱离母亲的保护。

毒液

　　在它的尾巴末端是毒腺（由神经毒素和其他有机化合物组成）和螯针，其通过注射毒液来杀死猎物或保护自己。

　　蝎子的咬伤会引起局部剧烈疼痛，如果不进行治疗，可持续长达72小时，并伴有头痛、头晕、发烧和呕吐。敏感的或过敏人群被咬伤后会导致严重后果。

尾巴的末端是一节带有螯针的尾节，其可以注射毒液。对于人类来说，虽然它的咬伤很痛，但它只能杀死儿童或老人、过敏者或虚弱的人。不过，被蝎子咬伤后还是要及时就医。

地中海黄蝎
（*BUTHUS OCCITANUS*）

目： 蝎目

科： 钳蝎科

食物： 作为食肉动物，主要食物有昆虫和包括蝎子在内的其他节肢动物

长度： 80毫米

寿命： 5~6年

分布： 从法国、西班牙、葡萄牙和北非，至撒哈拉沙漠南部边缘

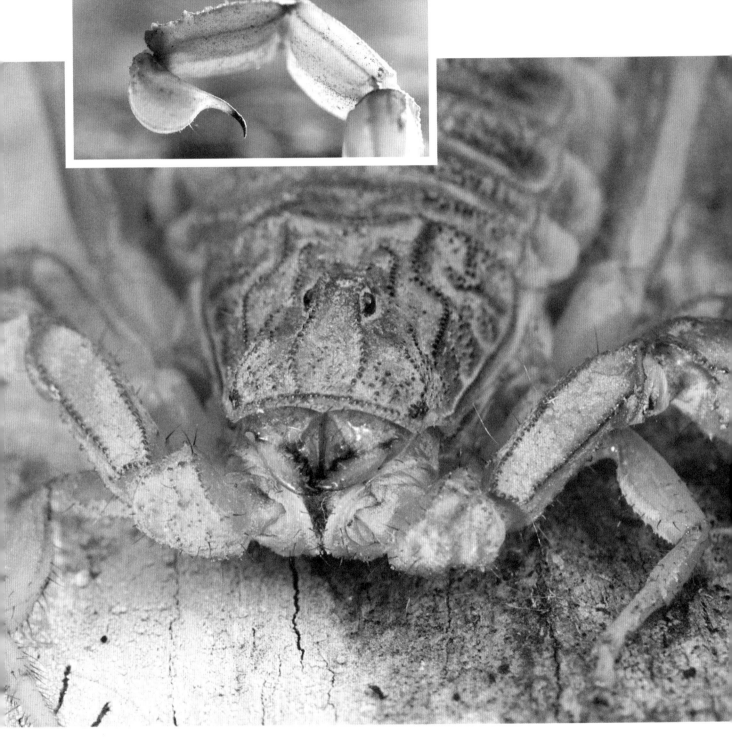

外貌

它们几丁质化（硬化）得很好，背部呈深黄色，有浅棕色的螯针。

眼睛

眼睛在头胸部，正面有1对眼睛，侧面有几对较小的眼睛或单眼，用于捕捉光线。

躯体

躯体由前体和后体组成。触肢或大钳足很醒目，用于捕捉猎物、交配、挖掘和保护自己。它的螯肢在口器的两侧，形状类似剪刀。胸骨呈三角形。

尾巴

另一个特征是尾巴或后体部；它的结构比其身体的其他部分更长，末端是一个与螯针大小相同的圆形毒腺。

足

4对用于移动和挖掘的足。

甲壳亚门

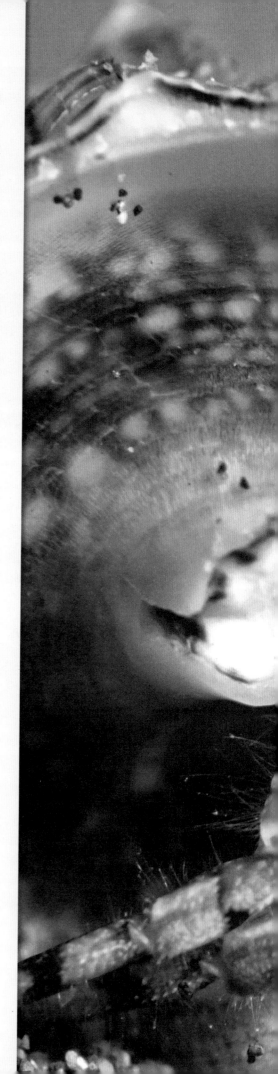

甲壳亚门包括5万多种人类已知的物种，其中最常见的物种有：蟹、龙虾、虾和藤壶等，还包括大量其他不太知名的物种。

甲壳亚门动物，尽管有些（如潮虫）生活在陆地上，但大多数是水生的。这是一个如此多样化的群体，因此要为其所有成员找到一个完整的定义并不简单，但它们与其他节肢动物的不同之处在于它们有两对触角（一对小的触角具有感觉、抓握和游泳功能，另一对触角更长，同样也具有感觉和游泳功能）。它们的身体由数量不等的体节组成，分为头部、胸部和腹部，通常胸部的第一节与头部相连形成头胸部。尾部是尾节，有时呈扇形，用于移动。足的数量各不相同，有些有5对（十足目），如虾，而另一些有许多相同的足（等足目），如海虱或鼠妇。在大多数情况下，第1对配有螯足。它们的外壳由几丁质和钙盐组成，起到支撑和保护的作用，但它们需要蜕皮才能生长。就藤壶而言，它们附着在坚硬的表面上，用它们的壳形成套膜。

这些节肢动物，除了有些是被筛选出的浮游生物，有些从碎屑中提取营养物质，有些寄生于从鲸鱼到海葵等的其他水生动物，大多是积极的捕食者。甲壳亚门动物的大小从0.25毫米到近4米（如巨大的日本巨型蜘蛛）不等。它们非常重要，既直接用于食品工业（海鲜），又间接作为水生食物链的重要环节。桡足类（属于浮游动物）和磷虾被鲸鱼、鱼类和海鸟捕食。此外，大型溞（*Daphnia magna*）和卤虫（*Artemia salina*）被用作水族馆和池塘中鱼类的食物。

繁殖

它们通常为雌雄异体，但也有例外：大多数藤壶是雌雄同体的（同时具有雄性和雌性的生殖器官），并且在某些物种的生命中也会发生性别变化，如虾类。甚至可能出现孤雌生殖现象。很常见的是它们将卵产于水中，但许多物种会将卵附着在腹部的附肢上。一些甲壳亚门动物孵化出的幼体就像微型的成体；其他的甲壳类动物要经历一个被称为"无节幼虫"的幼体阶段，其幼虫呈梨形，有一只被称为无节幼体眼的眼睛，头上有3条用于游泳的附肢；它需要经历几次蜕皮才能像成体一样。

主要分类

门：节肢动物门

亚门：甲壳亚门

纲：软甲纲

　　介形纲

　　桨足纲

　　鳃足纲

　　颚足纲

　　头虾纲

说明

头虾纲（*Cephalocarida*）
它们非常原始，长度不到4毫米，底栖生活（栖息在水底）。

鳃足纲（*Brachiopoda*）
它们有两壳，一上一下，不像双壳类动物是在两侧。

介形纲（*Ostracoda*）
它们是非常小的或微小的甲壳亚门动物，其特征是它们有两个带有介壳的外壳，可能是高度钙化的或柔软的。

桨足纲（*Remipedia*）
它们的长度在10～40毫米，有极长的身体和侧边的附肢，让人想到多足亚门动物。它们没有眼睛。

颚足纲（*Maxillopoda*）
它们的特点是拥有腹部和极少的相对应的附肢，也有不缺少相对应的附肢的物种，如藤壶。

软甲纲（*Malacostraca*）
它是最大、最重要的群体，包括大多数已知的甲壳亚门动物：蟹、龙虾、虾、潮虫等。

甲壳亚门

甲壳亚门动物，尽管拥有外壳，且某些物种的外壳高度钙化，但有许多捕食者。除了人类认为它们是美食佳肴外，它们还是鱼类和头足类动物的食物，因此它们需要制定不同的防御策略。许多物种白天藏在沉积物或缝隙中，到了晚上才出来。有些物种利用其颜色和图案与周围环境融为一体，甚至有些物种用海绵或贝壳碎片来伪装自己。此外，根据多项研究，蟹，可能还有其他出现在我们菜单上的甲壳亚门动物，都是很敏感的生物。发表在《实验生物学杂志》上的研究称，至少虾、海蟹和寄居蟹表现出的行为与我们对疼痛的感知相一致。波尔多大学的科学家们发现，淡水龙虾在受到压力时会表现出焦虑，而在服用抗焦虑药时则会平静下来。

欧洲螯龙虾
Homarus gammarus
长度：500毫米
分布：从挪威到摩洛哥的海岸

克氏原螯虾
Procambarus clarkii
长度：110毫米
分布：中美洲和北美洲、欧洲、非洲和亚洲

普通滨蟹
Carcinus maenas
长度：55毫米
分布：欧洲、北非的海岸

普通黄道蟹
Cancer pagurus
长度：200毫米
分布：挪威、北海和葡萄牙的海岸

粗糙鼠妇
Porcellio scaber
长度：17～18毫米
分布：欧洲

疣酋妇蟹
Eriphia verrucosa
长度：50毫米
分布：东大西洋和地中海

方形地蟹
Gecarcinus quadratus
长度：50毫米
分布：美洲海岸

挪威海螯虾
Nephrops norvegicus
长度：160～180毫米
分布：从挪威到地中海

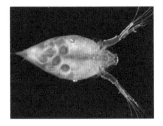

大型溞
Daphnia magna
长度：2～6毫米
分布：欧洲、非洲、亚洲和北美洲

棘刺龙虾
Palinurus elephas
长度：500毫米
分布：从挪威到摩洛哥的地中海和大西洋

茗荷
Lepas anatifera
长度：45毫米
分布：波罗的海、大西洋和地中海

椰子蟹
Birgus latro
长度：400毫米
分布：印度洋和太平洋

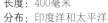

海绵蟹
Dromia personata
长度：50 ~ 80毫米
分布：从北海到地中海

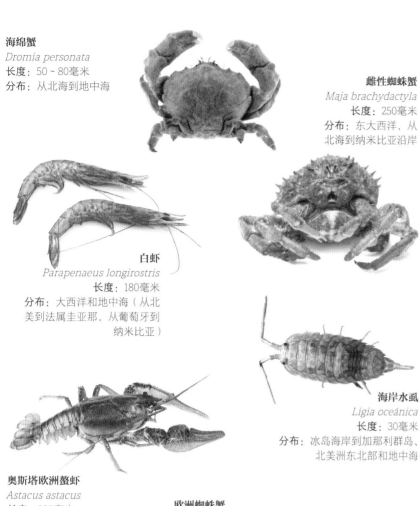

雌性蜘蛛蟹
Maja brachydactyla
长度：250毫米
分布：东大西洋，从
北海到纳米比亚沿岸

白虾
Parapenaeus longirostris
长度：180毫米
分布：大西洋和地中海（从北
美到法属圭亚那，从葡萄牙到
纳米比亚）

褐虾
Crangon crangon
长度：50 ~ 70毫米
分布：从波罗的海到地中海的欧
洲海岸

具单眼寄居蟹
Paguristes oculatus
长度：40毫米
分布：东大西洋、地中海，以及
埃及和以色列的沿岸

长爪瓷蟹
Pisidia longicornis
长度：8 ~ 10毫米
分布：欧洲海岸，从北海到地中海

宽爪瓷蟹
Porcellana platycheles
长度：6 ~ 12毫米
分布：东大西洋和地中海

长喙大足蟹
Macropodia rostrata
长度：18毫米
分布：东大西洋和地中海

阿根廷虾
Artemesia longinaris
长度：27 ~ 35毫米
分布：西南大西洋

红虾
Aristeus antennatus
长度：220毫米
分布：东大西洋和地中海

奥斯塔欧洲螯虾
Astacus astacus
长度：250毫米
分布：欧洲和非洲摩洛哥北部
的河流

海岸水虱
Ligia oceánica
长度：30毫米
分布：冰岛海岸到加那利群岛、
北美洲东北部和地中海

欧洲蜘蛛蟹
Maia squinado
长度：180毫米
分布：大西洋和
地中海

鼠妇
Armadillidium vulgare
长度：13毫米
分布：世界各地

欧洲沙蚤
Talitrus saltator
长度：15毫米
分布：北海、波罗的海、
地中海和大西洋

云斑厚纹蟹
Pachygrapsus marmoratus
长度：40毫米
分布：大西洋和地中海

丰年虾
Artemia salina
长度：10 ~ 15毫米
分布：南欧、北非、亚洲、大洋
洲的澳大利亚和北美洲的海岸

藤壶
Balanus balanus
长度：35毫米
分布：从北冰洋到英国开普敦

普通寄居蟹
Pagurus bernhardus
长度：100毫米
分布：从冰岛海岸到葡萄牙

美国螯虾

美国螯虾原产于墨西哥和美国东南部，被认为是最能适应不同生态系统的甲壳亚门动物之一：它生活在没有潮水且不太冷的水域，但它可以忍受低氧水平、高度污染和长期干旱，在此期间，它挖洞躲藏，直到条件改善。

此外，它是杂食性动物和机会主义者，加上它易繁殖，一年可以繁殖三代，因而成了欧洲、亚洲和非洲的入侵物种。

它作为一种生物控制手段被引入肯尼亚，以减少蜗牛的数量，蜗牛在当地是引起血吸虫病的寄生虫的宿主。出于商业目的，它于20世纪70年代被引入西班牙，现在已经占领除最北端和最冷的河流的上游之外的所有河流流域。在伊比利亚半岛，这种扩张已经造成严重的灾害，因为它与土生小龙虾——白螯小龙虾（*Austrapotamobius pallipes*）形成竞争并将其取代，

且将一种被称为龙虾瘟疫的真菌传染给白螯小龙虾，从而杀死它。由于水生植被退化，它的存在还导致了生物多样性的消失，且对许多其他物种，如两栖动物、无脊椎动物和鱼类构成了威胁，因为它捕食这些动物的卵和幼虫。然而，它已成为白鹳、苍鹭和海鸥的日常食物。

繁殖

虽然最近的研究表明，它也可能通过孤雌生殖进行繁殖，但它通常还是有性生殖的：雄性将精子存放在雌性位于胸足（头胸部长出的足）上的纳精囊中，雌性将精子保

存在那里直到产卵；之后，雌性将卵（100～700个）排出，用保留的精子使卵受精，然后受精卵附着在雌性的腹足（与腹部相连的足）上，随后，雌性会寻找庇护所，在孵卵期间基本上不进食。刚出生的幼体与成体有相似的特征，因为它们不经历中间的幼虫阶段，并且会一直与母亲在一起，直到经过几次蜕皮后，幼体成为能够独立生活的成体。

美国螯虾也被作为水族馆或花园池塘的宠物活体出售，这可能帮助其扩散至整个欧洲和亚洲。人们还认为，由于气候变化引起的气温升高，也可能有利于其繁殖。

美国螯虾
（*PROCAMBARUS CLARKII*）

目： 十足目

科： 蝲蛄科

食物： 作为杂食性动物，其食物有水生植物、昆虫、蜗牛、两栖动物和鱼类，以及死亡的植物物质和腐肉，甚至可能会同类相食

长度： 约110毫米

寿命： 5年左右

分布： 大西洋的北美洲海岸

外骨骼

    它的身体由3个区域组成：头胸部或胸部、腹部，以及尾部的尾鳍或尾节。体色通常从蓝灰色到鲜红色，腹部有楔形黑色条纹，甲壳呈圆柱形，有许多刺和颗粒。

头胸部

    外表呈细长状，有眼柄，有两对作为感觉器官的附肢：内触角或第一触角，小而分叉；外触角，和身体一样大，非常细。口器位于头部腹侧。

腹部

    腹部细长，有6节，前5节每节各有1对足，最后1节是扁平延伸的尾鳍，用于游泳。

足

    头胸部有5对步足，其中第1对已演化成大的螯足，窄而长，用于觅食和防御，另外5对非常小的足在腹部，用于游泳，对于雌性而言，则用于保存卵子。

粗糙鼠妇

　　粗糙鼠妇是唯一一种能够适应离水生活的甲壳类动物，但它不得不为此付出高昂的代价，因为它没有覆盖外壳的蜡质表皮，其生活习性主要是在夜间活动。此外，它还必须生活在潮湿、黑暗的地方，避免干燥，这是它生存的主要策略。

　　在腹部的腹侧，有两个"伪气管"（鳃的变体），它通过这两个伪气管呼吸，并通过不能闭合的毛孔与外部相连以避免排汗。

　　出于这个原因，它们有群居的习惯，习惯于一个叠一个地堆积起来，这样做的目的是减少水分蒸发，也是保护自己免受捕食者（蜘蛛、蜈蚣、鸟类和小型哺乳动物）的侵害。因为这种物种与其他物种，如球木虱属（*Armadillidium spp*）等不同，它不能蜷缩起来保护自己，通常会选择一个巧妙的策略，通过保持完全不动来假装死亡。

　　它的食物是以分解其在路上发现的有机物，它会食用自己的粪便以增加它所需要的铜储备，也会保留粪便中的细菌，这将有助于其吸收一些食物。它是一种对生态系统有益的动物，因为它能循环利用并释放矿物质和营养物质；然而，在一些引入它的地区，由于其他原因，它对当地的动植物产生了负面影响。

繁殖

　　粗糙鼠妇的繁殖发生在最温暖的季节，雌性与多只雄性交配（一妻多夫制），这些雄性用它们的交配器官，即进化的腹足将精子射入雌性的输卵管。一两周后，约100个卵会在一个被称为卵兜的液体袋中排出，此液体袋在雌性身体的下半部分，在孵化期间（3～7周），雌性会随身携带这些卵。

　　孵化时，幼体与成体相似，但为白色，且只有6对足（第7对足在第一次蜕皮后发育），并将与母亲一起生活约两个月。如果条件有利，幼体每年最多可孵化出3代。这种鼠妇是地球上最常见和最普通的鼠妇种类之一，它可以生活在任何湿度指数的栖息地中。

　　粗糙鼠妇是唯一的陆生甲壳亚门动物，因此它必须使自己的身体适应其栖息环境。它可以作为宠物被饲养在一个有一层腐殖土、树叶等的玻璃容器中，放置在房子的黑暗处，温度约为25℃或高湿度的地方。

粗糙鼠妇
（*PORCELLIO SCABER*）

目： 等足目
科： 鼠妇科
食物： 食碎屑动物（分解的有机物）
长度： 17～18毫米
寿命： 2～3年
分布： 原产于欧洲，除南极洲外，现遍布所有大陆

外貌

与所有的甲壳亚门动物一样，粗糙鼠妇的外壳含有大量的钙。外形是凸状的，颜色是深亚光灰色，外壳硬化，有明显的颗粒感和7节清晰可见的体节（第8节与头部相连）。

头胸部

头胸部有两对触角，一对很短，几乎察觉不到，被认为用来充当化学感受器，而另一对较长，具有感觉功能。两只复眼只能辨别明暗。口器由一对大颚和两对小颚组成。

腹部

它们的腹部很短，有6节，最后一节或尾部被称为尾节，两侧有1对被称为腹足的附肢。伪气管位于腹侧，通过毛孔与外部相连。

足

7对足的每一对都从头胸部的一节长出；雌性的足底部加宽，用于携带卵子，雄性的第1对足具有生殖功能。

六足亚门

六足亚门（*Hexapoda*）的含义是"六只脚"，这是这个亚门的节肢动物的主要特征，它是地球上物种数量最多的亚门，包括昆虫纲和其他不太知名的小类群的动物：原尾目、双尾目和弹尾目。

后三类是从未拥有过翅膀的原始动物（所有昆虫最初都有翅膀，尽管后来它们可能已经完全失去了翅膀或翅膀退化了）。原尾目和双尾目动物非常小，没有眼睛，而数量更多、更知名的弹尾目拥有单眼，只能辨别明暗。所有的六足亚门动物身体分为头部、胸部和腹部，拥有上面提到的6只脚，1对触角，以及分为下颚、上颚和唇片的口器。它们的饮食习惯非常多样化，有食肉动物、食腐动物、食植动物、食碎屑动物、食粪动物和吸血动物；因此，它们的口器可能是咀嚼式、吸吮式或舐吸式的。它们通过气管和气孔（向外张开的孔）呼吸，但弹尾目和原尾目的代表动物除外，它们通过外壁呼吸。它们的栖息地主要是在陆地上，即使有些动物已经更多地适应了水生生活。它们是食物链中必不可少的生物，因为它们除了充当分解者、捕食者和传粉者的角色外，也是众多动物的食物。

繁殖

六足亚门动物的丰富多样性造就了不同的繁殖方式。最普遍的授精方式是体内受精，即雄性将其精子直接射入雌性体内，但有一些昆虫和所有更原始的群体（原尾目、双尾目和弹尾目）的受精方式为体外受精，即通过精包或精子包受精，雄性会产出精包供雌性收集。其他物种通过孤雌生殖（未受精的卵的胚胎发育）进行繁殖，而雌雄同体的情况则很少。至于后代的产生，通常是卵生的，尽管也有卵胎生（雌性在其体内孵化卵）的物种，如一些蟑螂和甲虫，或者是胎生的，如许多蚜虫或舌蝇。幼体的发育可分为两种类型：半变态或不完全变态，这两种发育类型的幼体与成体相似，不发生根本性变化，而只是蜕皮；全变态或完全变态，有4个阶段（受精卵、幼虫、蛹、成虫）。后者刚出生的幼体与成体完全不同，因为它们必须经历外部静止和内部剧烈活动的状态，在这个过程中，器官被重新改造，以塑造新的成虫或成体的身体。

主要分类

有些人认为六足类动物是节肢动物的一个亚门，由四类动物组成：昆虫纲、原尾目、双尾目和弹尾目。然而，一些专家倾向于将后三类归为一个单独的类别，即内口纲（*Entognata*），之所以这样称呼是因为其成员有隐藏的下颚和上颚。在这里，我们将采用第一种分类。

门：节肢动物门
亚门：六足亚门
纲或目：昆虫纲
　　　　弹尾目
　　　　原尾目
　　　　双尾目

描述

昆虫纲（*Insecta*）
这是数量和种类最多的一个纲，已知的物种超100万种，仍有许多种类尚待发现。

弹尾目（*Collembola*）
种类非常丰富，在死亡植物物质的分解过程中发挥着重要作用，有助于土壤的形成。

原尾目（*Protura*）
它们是具有地下生活习性的微小动物，因此它们缺乏色素沉着，栖息在土壤的最表层。

双尾目（*Diplura*）
它们与真正的昆虫关系密切，没有色素沉着，生活在土壤或洞穴中。

昆虫纲

昆虫是地球上数量最多的动物，因为它们占世界动物群的80%，而这种多样性是由多种因素造成的，首要因素是它们的灭绝率相对较低。

它们在进化过程中几乎没有发生任何变化，即使是保存在琥珀中的3500万年前的标本在形态上也与现在的标本相同。它们的小体形也起到了一定的作用，由于它们相对更强壮，可以找到更多的地方居住。对于它们的成功要考虑的另一个变量是飞行能力，这使它们能够分散，在新的栖息地定居并摆脱敌人。它们是第一个征服天空的动物，远远早于鸟类。但如果不是因为它们的外骨骼坚硬而轻盈，是不可能做到这一点的。这种外骨骼保护它们免受外界伤害，并具有刺、毛、鳞片和感觉器官（使它们对振动、触摸和声音敏感），以及防水蜡质涂层。嗅觉器官通常长在触角上，许多动物还具有湿度、磁场或红外线探测器。它们的主要视觉器官是复眼，由单个感光器组成，与之一起可能有两只或三只单眼，用单眼来感知不同强度的光线。众所周知，它们有色觉，并且在某些情况下，可以感知紫外线辐射。

许多昆虫很令人讨厌，因为它们是农业或森林害虫，会传播严重疾病；其他昆虫则被人类利用，如西方蜜蜂（*Apis mellifera*）或蚕蛾（*Bombyx mori*），蚕蛾的毛虫是著名的"蚕"。然而，所有的这些昆虫对于维持生态系统和我们人类的生存都是必不可少的，无论是在授粉、养分循环、通过生物控制对抗有害物种方面，或者是作为众多动物（鸟类、爬行动物、两栖动物、蝙蝠、啮齿动物、鱼类等）的基础食物，它们都发挥重要作用。如果它们消失了，除了改变水和空气的质量外，还将影响植物繁殖和土壤肥力。澳大利亚悉尼大学近期由西班牙学者弗朗西斯科·桑切斯-巴约（Francisco Sánchez-Bayo）负责的一项研究，揭露了全球昆虫减少的现状，如果减少趋势持续下去，在未来的20年内昆虫物种的一半将可能灭绝。集约农业、杀虫剂的使用、森林砍伐和城市化、湿地污染和气候变化是造成生物多样性以惊人速度丧失的主要原因。

繁殖

昆虫是繁殖率非常高的动物，再加上繁育时间非常短，这就解释了为什么它们进化得更快，且能更好地适应环境变化。交配后，精子通常被储存在雌性体内一个被称为受精囊的器官中，稍后将用于卵子受精。通常情况下，雌性在交配后几天才会产卵，这段时间其需要摄取富含蛋白质的食物以促使卵子成熟。

昆虫纲的主要分类

由于昆虫纲的巨大多样性，对其分类存在很多争议。在此，我们介绍该类群的主要种类。

纲: 昆虫纲

亚纲: 有翅亚纲

　　基本上是有翅膀的昆虫，但有些昆虫已经失去翅膀。有翅亚纲可分为外翅总目（不完全变态）和内翅目（完全变态）

总目: 外翅总目（*Exopterygota*）

总目: 内翅目（*Endopterygota*）

总目　　外翅总目

目　　蜉蝣目（*Ephemeroptera*）：蜉蝣

　　　　蜻蛉目（*Odonata*）：蜻蜓和豆娘

　　　　襀翅目（*Plecoptera*）：石蝇

　　　　直翅目（*Orthoptera*）：蟋蟀和蚱蜢

　　　　竹节虫目（*Phasmida*）：竹节虫和树叶虫

　　　　革翅目（*Dermaptera*）：蠼螋

　　　　纺足目（*Embioptera*）：丝蚁

　　　　蜚蠊目（*Blattodea*）：蟑螂

　　　　螳螂目（*Mantodea*）：螳螂

　　　　等翅目（*Isoptera*）：白蚁

　　　　啮虫目（*Psocoptera*）：书虱

　　　　半翅目（*Hemiptera*）：臭虫

　　　　缨翅目（*Thysanoptera*）：蓟马

　　　　虱毛目（*Phthiraptera*）：虱子

总目　　内翅目

目　　脉翅目（*Neuroptera*）：蚁狮、蛇蛉

　　　　长翅目（*Mecoptera*）：蝎蛉

　　　　鳞翅目（*Lepidoptera*）：蝶和蛾

　　　　毛翅目（*Trichoptera*）：石蛾

　　　　双翅目（*Diptera*）：苍蝇

　　　　蚤下目（*Siphonaptera*）：跳蚤

　　　　膜翅目（*Hymenoptera*）：蜜蜂、黄蜂和蚂蚁

　　　　鞘翅目（*Coleoptera*）：甲虫

蜻蜓和豆娘

　　蜻蜓（差翅下目）和豆娘（均翅亚目）组成了蜻蛉目，蜻蛉目源自拉丁文odontos，意思是"牙齿"，意指这些昆虫拥有坚硬的下颚和齿列，除了易于观察外，它们因其大小和颜色而非常受欢迎。它们的特点是视力好，飞行方式独特，能够在半空中停住，迅速倒转或加速，能够同时或交替挥动前后翅。尽管它们的外表相似，但蜻蜓在休息时将翅膀伸展出来垂直于身体，而豆娘则将翅膀纵向折叠。蜻蜓还有非常大的眼睛，占据了整个头部，它们在飞行中捕食，且在远离水体的地方也能够被发现，而豆娘只能短距离飞行。它们的生命周期有两个明显不同的阶段：第一阶段通常时间较长，以若虫（不完全变态昆虫的幼虫）的状态在水中度过；第二阶段已成为成虫，是陆生昆虫。它们是不完全变态昆虫，因为它们不结蛹，成虫从若虫的表皮中脱离。它们作为昆虫控制者发挥着重要作用。

天蓝细蟌
Coenagrion puella
长度：32～35毫米
分布：欧洲、亚洲和北非

大红细蟌
Pyrrhosoma nymphula
长度：33～36毫米
分布：欧洲、亚洲和北非

虾黄赤蜻
Sympetrum flaveolum
长度：35毫米
分布：欧洲和亚洲

基斑蜻
Libellula depressa
长度：39～48毫米
分布：欧洲和亚洲

小斑蜻
Libellula quadrimaculata
长度：40～50毫米
分布：欧洲、亚洲、北非和北美洲

血红赤蜻
Sympetrum sanguineum
长度：30～40毫米
分布：欧洲、亚洲和北非

阔翅豆娘
Calopteryx Virgo
长度：35～45毫米
分布：欧洲、亚洲和北非

足尾丝蟌
Lestes dryas
长度：35～45毫米
分布：欧洲、亚洲和北美洲

翡翠豆娘
Chalcolestes viridis
长度：40～45毫米
分布：欧洲、亚洲和北非

心斑绿蟌
Enallagma cyathigerum
长度：32～35毫米
分布：欧洲、亚洲和北美洲

华丽色蟌
Calopteryx splendens
长度：35~46毫米
分布：欧洲、亚洲和北非

帝王伟蜓
Anax imperator
长度：80毫米
分布：欧洲、亚洲和非洲

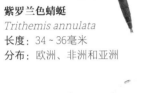

紫罗兰色蜻蜓
Trithemis annulata
长度：34~36毫米
分布：欧洲、非洲和亚洲

条斑赤蜻
Sympetrum striolatum
长度：38~43毫米
分布：欧洲、亚洲和北非

方氏赤蜻
Sympetrum fonscolombii
长度：35~40毫米
分布：非洲、欧洲和亚洲

翡翠绒蜻蜓
Cordulia aenea
长度：50~55毫米
分布：欧洲、亚洲和北非

其他物种

玳瑁斑蜻蜓
Libellula Angelina
长度：20~25毫米
分布：亚洲

"沙漠之箭"（赤蜻属未定种）
Sympetrum sinaiticum
长度：34~37毫米
分布：欧洲和北非

霓虹灯蜻蜓
Libellula croceipenis
长度：54~59毫米
分布：美洲

混旗蜻蜓
Macrodiplax balteata
长度：35~42毫米
分布：美洲

琥珀蜻蜓
Perithemis tenera
长度：19~25毫米
分布：中美洲和北美洲

白足蜻蜓（扇蟌属未定种）
Platycnemis latipes
长度：30~33毫米
分布：伊比利亚半岛和法国南部

竣蜓
Aeshna juncea
长度：70~80毫米
分布：欧洲

玫瑰蜻蜓
Orthemis ferruginea
长度：46~56毫米
分布：中美洲和北美洲

胭脂红蜻蜓
Orthemis discolor
长度：47~56毫米
分布：美洲

金环蜻蜓
Cordulegaster boltonii
长度：70~80毫米
分布：欧洲

科曼奇蜻蜓
Libellula comanche
长度：47~55毫米
分布：中美洲和北美洲

心斑绿螅

　　心斑绿螅又称为池塘蓝豆娘或蓝蜻蜓，这种美丽的蓝黑色豆娘在小湖、水塘、池塘或水流缓慢的河流中很常见。在那里，它在水面上飞舞，然后栖息在岸边的植物上，这是它捕食猎物的地方，猎物主要是苍蝇、蚊子和蚜虫。

　　它是食物链中的中段捕食者，因为它会消灭许多对人类有害的昆虫，但它也有若干天敌，如鸟类、蜘蛛、大黄蜂，甚至是鱼类。如果在一个寒冷的早晨，当它还没有什么活动能力时受到攻击，它可能会用足和腹部做出威胁性的动作，试图恐吓潜在的捕食者。它非常敏感，尽管没有灭绝的风险，但其栖息地的破坏和杀虫剂造成的水污染导致了其数量下降。

繁殖

　　心斑绿螅的交配过程称为"飞行婚礼"，以雄性用"串联"的方式降落在它的伴侣身上而结束，这种姿势包括雄性用其腹部末端的一些特有的附肢抱住雌性前胸或"颈部"，而雌性则弯曲身体成一个完整的弧形，直到它的身体末端接触到雄性的生殖器官，以便雄性将精子输送给它；交配至少持续20分钟，它们甚至可以以这种姿势飞行。随后，雌性潜入水中，在那里产卵，而它的伴侣则待在它身边警戒。

　　幼虫在两三周内孵化，这个阶段可能持续数月甚至数年，具体取决于水温、光照和资源的丰富程度。如果天气非常寒冷，幼虫将停止发育，直到条件改善。完成生长后，它们会离开水生环境，爬到植物上，进行最后一次蜕皮，成为成体或进行变态发育，有翅的成虫将最终从那里出来。

心斑绿螅的身体和腹部通常是蓝色的，有黑色的图案，但两性异形，雌性可能呈蓝色、绿色或黄色。

心斑绿螅
（*Enallagma cyathigerum*）

目：蜻蜓目
科：细螅科
食物：
　　幼体的食物有水蚤、蚊子幼体和小蝌蚪
　　成体的食物有苍蝇和蚊子
长度：32～35毫米
寿命：从卵子发育到成体可能需要几个月甚至近两年的时间，这要取决于条件。成体的寿命为4～17天
分布：欧洲、亚洲和北美洲

成虫

外貌

雄性是蓝色的，有黑色条纹，而雌性可能是蓝色、绿色或黄色的，它们的黑色斑点是在背上。

头

两侧有两只复眼，在两只复眼之间，有另外三只单眼。拥有坚硬的下颚和尖牙。

胸部和腹部

胸部由前胸或"颈部"，以及容纳了强壮的鼻翼肌肉的合胸组成。与蜻蜓不同，它的两对脆弱的翅膀是透明的，大小相同。腹部是典型的蜻蜓目动物，由10节长而呈圆柱形的节段组成。

足

它们的足纤细，不适合行走，但适合捕猎和攀登。在有触感的地方有许多敏感的绒毛。

幼虫

为了伪装，幼虫的体色为褐色，有相对较大的头（虽然比蜻蜓小），以及长而呈圆柱形的腹部，腹部末端有3个点，即鳃，功能类似于鳍。

直翅目（蚱蜢、蝗虫和蟋蟀）

除特例外，直翅目的代表动物因其适合跳跃（它们的后足比其他动物更大、更长）和歌唱而脱颖而出。它们分为两类：短触角的或剑尾亚目（蚱蜢和蝗虫）；长触角的或锥尾亚目（蟋蟀、灌木丛蟋蟀、洞穴蟋蟀和鼹鼠蟋蟀）。它们有两对翅膀，在一些物种中翅膀退化或消失，虽然它们通常不善于飞行，但在1988年，一群蝗虫（大型蚱蜢，偶尔会采取群居习惯）从非洲抵达加勒比海。此目中的大多数雄性通过摩擦它们的后足和/或前翅发出不同的声音或鸣声，或者像鼹鼠蟋蟀一样，通过挖掘一个带有放大共鸣的出口的"歌唱洞"来发声。它们通常是草食性或杂食性动物。在一些美洲国家，这些蚱蜢是人类的一道美食佳肴。

绿丛螽斯
Tettigonia viridissima
长度：40毫米
分布：欧洲、亚洲和北非

双斑蟋蟀
Gryllus bimaculatus
长度：30~35毫米
分布：欧洲、亚洲和北非

家蟋蟀
Gryllus domesticus
长度：15~20毫米
分布：世界各地

条纹草地蝗
Stenobothrus lineatus
长度：25毫米
分布：欧洲和亚洲

沙漠蝗虫
Schistocerca gregaria
长度：90毫米
分布：非洲、亚洲，偶尔还有欧洲

红翅蝗
Oedipoda germanica
长度：28毫米
分布：欧洲和亚洲

飞蝗
Locusta migratoria
长度：60毫米
分布：欧洲和亚洲

其他物种

温室灶马
Tachycines asynamorus
长度：19毫米
分布：欧洲、亚洲和北美洲部分地区

耶路撒冷蟋蟀
Stenopelmatus fuscus Haldeman
长度：50毫米
分布：北美洲

普尔奈茨巨沙螽
Denaicrida fallai
长度：200毫米
分布：新西兰

玉米田蝗
Sphenarium purpurascens
长度：20毫米
分布：中美洲

南美飞蝗
Schistocerca cancellata
长度：66毫米
分布：南美洲

田野蟋蟀
Gryllus campestris
长度：20~25毫米
分布：欧洲、亚洲和北非

欧洲蝼蛄
Gryllotalpa gryllotalpa
长度：60毫米
分布：欧洲、亚洲和北非

竹节虫目（竹节虫和叶虫）

这些竹节虫目的昆虫被认为是伪装之王，因为它们的身体要么是光滑而细长的，要么是大而有刺的，它们的体色通常是隐蔽色，使其很容易和树叶或树枝相混淆。前翅短而硬，后翅膜质，不过也有无翅的种类。但它们受到侵扰时，可以保持不动，模仿植被轻轻地摇晃，有些种类还会分泌驱虫物质；它们还能够脱落某只足，在后续的蜕皮中脱落的足将部分再生。它们是素食者，有不完全变态发育（卵、若虫和成虫），它们的繁殖可以是有性繁殖或孤雌生殖。它们已经成为时尚的异国宠物。

丽叶䗛
Phyllium bioculatum
长度：94毫米
分布：马来西亚

巨扁竹节虫
Heteropteryx dilatata
长度：150毫米
分布：亚洲和非洲的马达加斯加

印度红脚竹节虫
Carausius morosus
长度：100毫米
分布：欧洲、北大西洋中的亚速尔群岛、南非和北美洲部分地区

巨型叶䗛
Phyllium giganteum
长度：120毫米
分布：马来西亚

菲律宾叶䗛
Phyllium philippinicum
长度：70毫米
分布：亚洲和大洋洲的澳大利亚

越南拐杖
Medauroidea extradentata
长度：100毫米
分布：越南

东方叶䗛
Phyllium siccifolium
长度：100毫米
分布：亚洲

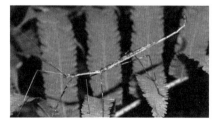

陈氏竹节虫
Phobaeticus chani
长度：560毫米
分布：马来西亚

越南竹节虫
Ramulus artemis
长度：130毫米
分布：越南

印度尼西亚竹节虫
Acanthomenexenus polyacanthus
长度：60毫米
分布：印度尼西亚

背棘白条竹节虫
Neohirasea maerens
长度：60毫米
分布：越南

其他物种

地中海竹节虫
Bacillus rossius
长度：75毫米
分布：地中海沿岸的欧洲地区

澳大利亚竹节虫
Phyllium monteithi
长度：62毫米
分布：澳大利亚

瓜达卢佩竹节虫
Lamponius guerini
长度：80毫米
分布：安的列斯群岛

尖刺足刺竹节虫
Phobaeticus serratipes
长度：550毫米
分布：亚洲

越南竹节虫

　　它是典型的竹节虫，长而细，呈绿色，但有些种类可能呈褐色。这些身体特征，再加上它通常采取的姿势，即前足向前伸展，中足和后足紧靠身体，很难将其与树枝区分开来。

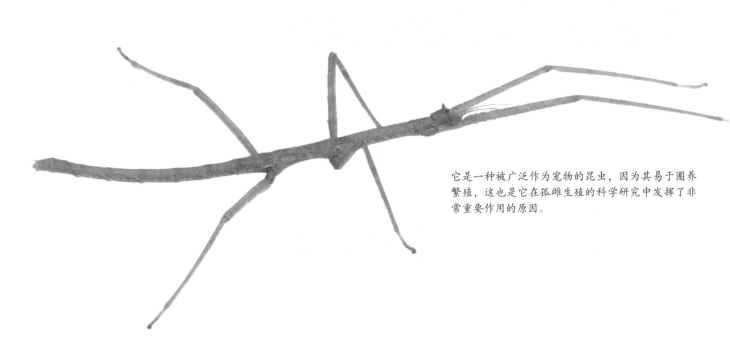

　　白天它通常在寄主植物上或靠近地面的地方静止不动，在黄昏时变得活跃起来。当它寻找新鲜的叶子时，走路缓慢而摇晃，就像一根在风中摇摆的茎。与其他的竹节虫（palo这个词源自古希腊语 *Phasma*，意思是"幽灵"或"鬼魂"）一样，拟态是其主要保护手段，此外它能够脱落某段肢体以保护自己免受捕食者的侵害，这被称为自割。如果是幼体自割，这只足将在随后的蜕皮中再生，但成体则不能再生。

　　据马克斯·普朗克协会的研究人员称，该物种有一个独特性是它的肠道会产生自己的微生物酶（其中包括降解果胶的果胶酶），微生物酶能够分解植物的几乎整个的细胞壁，将其转化为糖，这意味着从同样的饮食中，它能够比其他植食性动物获得更多的营养。科学家认为它甚至可以吸收木材（像白蚁一样），但它的下颚适合吃树叶。

繁殖

　　这种动物的另一个奇特之处在于它通过孤雌生殖（卵子在没有受精的情况下发育）进行繁殖，到目前为止，尚未在自然界中发现雄性。它每天产下约4个褐色、扁平、形状不规则的卵，卵从植物上掉落到地上，以便于其分散。在它的一生中，能够产下150多个卵，这些卵需要两三个月的时间来孵化。若虫在夜间出生，经过约4个月的6次蜕皮后，昆虫达到性成熟。

越南竹节虫
（*RAMULUS ARTEMIS*）

目： 竹节虫目

科： 竹节虫科

食物： 新鲜的叶子

长度： 躯体约130毫米，加上足约200毫米

寿命： 约10年

分布： 越南

它是一种被广泛作为宠物的昆虫，因为其易于圈养繁殖，这也是它在孤雌生殖的科学研究中发挥了非常重要作用的原因。

成虫

外貌

成虫呈浅绿色，头顶和最后两节腹节有褐色或红色部分。随着年龄的增长，体色变得更深，趋向于灰色。咖啡色的个体很少见。

头

头呈杯形，两侧有两只黄色的复眼和一些12毫米的短触角。它的口器是咀嚼型的。

胸

胸分为3个部分（前胸、中胸和后胸），每部分都长有1对肢体。

足

它们的足彼此距离很远，又细又长，适合在树枝间移动，末端是两个带有中间垫的爪子。

翅膀

它们没有翅膀。

若虫

若虫与母亲非常相似，出生时长约14毫米，呈褐色，随着生长会逐渐变成绿色。

叶虫

叶虫是竹叶虫的"表亲",两者都是伪装大师。包含有37种物种,在竹节虫目中占比很小,它们都栖息在南亚以及大洋洲澳大利亚的雨林中。

这些奇特的动物在整个历史上几乎没有怎么进化,因为在德国发现了一块4700万年前的化石,化石上的标本是一种叶虫——梅塞尔始新叶蜻(*Eophyllium messelensis*),它看起来与现在的样本完全一样。

叶虫有一种类似于叶绿素的色素,它们的身体宽大而有些扁平,腹部和股骨有与真正的树叶相同的叶状结构;甚至它们翅膀上的纹理都和叶脉一样。雌性体形更大、更粗壮,虽然雌雄两性都有翅膀,但只有雄性会飞,因为它们需要通过飞行来寻找伴侣。除此之外,它们过着孤独的生活,在黄昏时变得更加活跃,这是其恢复体力的时刻。当它们进食时,像在风中摇曳的树叶一般摇摆,以便掩饰其头部和前足的运动。当遇到潜在的敌人时,这种昆虫会试图通过保持静止而不被发现,尽管它也可能掉落到地上,但它会在落叶堆里保持不动。如果情况变得很糟糕,它能够通过自断肢体——脱落它的足来挽救自己的生命。如果它不得不攻击,它的前胸腺会以喷雾的形式排出一种驱虫液。

繁殖

当繁殖时节到来时,它们会进行有性繁殖,雄性被雌性发出的信息素所吸引,当它们找到一个可接受的雌性时,它们会爬到雌性身后置入精包。产卵时,雌性将卵以小群的方式产出,从而确保分散。这些卵呈肾形、褐色,有一个粗糙且相对坚硬的外壳来保护它们。这种与种子非常相似的外观吸引蚂蚁,蚂蚁将这些卵带入它们的巢穴,在那里这些卵会免受植食性动物和寄生蜂的侵害。它们将在约4个月后孵化,刚出生的幼虫与它们的父母相似,但颜色呈暗红色(类似于蚂蚁),非常活跃,这有助于其分散。当它们找到一株寄主植物时,会躲在背面开始进食;在那里,它们在第一次蜕皮后会变成绿色。它们还需要更换其外骨骼六七次,直到成年。

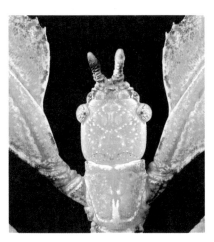

由于易于照料,它是一种受欢迎的宠物昆虫,它可以在荆棘、覆盆子或橡树叶上饲养,但对湿度和温度有特定的要求。

叶蜻属
(*PHYLLIUM SPP.*)

目: 竹节虫目

科: 叶竹节虫科

食物: 各种植物的绿叶

长度: 雌性,最长100毫米;雄性,最长70毫米。

寿命: 雌性,11个月;雄性,5个月

分布: 南亚和大洋洲的澳大利亚

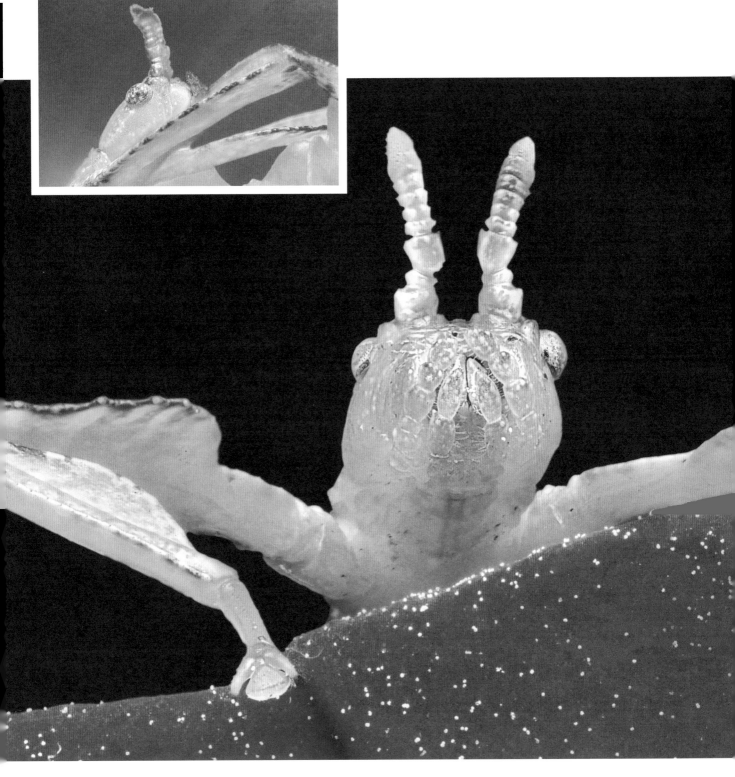

头

头部两侧有两只复眼，有咀嚼式口器和1对触角，雄性的触角更长，雌性的触角几乎看不到。

胸部和腹部

胸部相对较短，雄性的胸部更窄，腹部也是如此，雌性腹部的宽度可能是雄性的两倍，最宽可达40毫米。

翅膀

雄性的前翅短而硬，在休息时，前翅略微折叠以保护更大的膜质后翅。雌性的翅膀遮盖时，几乎与腹部一样长。

足

第1对足是最短且最宽的，恰好位于头部后面。另外两对足是在腹部，较窄。在四肢上，除了一些类似于树叶的叶外，还有一些刺，帮助它抓靠在植物上。

螳螂

　　这些与蟑螂和白蚁相关的昆虫，其特点是：身体细长，前足多刺且保持折叠状态，好像在祈祷一样；它们的肢体能够在5毫秒内打开和闭合，以便捕获猎物。它们是耐心的捕食者，其策略是在树叶、花朵或树枝上保持不动，等待猎物出现后再扑上去。因此大多数物种在颜色和形状上都有所进化，它们精心地模仿周围环境以便与之融为一体。此外，它们的脖子很长，可以在不移动身体的情况下将头转180°，并且有1对高度发达的复眼和另外3只单眼，这使其拥有良好的视力。它们以昆虫和其他螳螂为食，但也可以捕食蜥蜴、小型啮齿动物或蜂鸟。大约有2000种已知的螳螂，其中大部分为热带物种。

马来西亚巨人盾螳
Rhombodera basalis
长度：100～120毫米
分布：亚洲

南美枯叶螳螂
Acanthops falcataria
长度：70～80毫米
分布：南美洲

白点眼斑螳
Creobroter meleagris
长度：20～50毫米
分布：菲律宾

叶背螳
Choeradodis rhombicollis
长度：40～50毫米
分布：北美洲和南美洲

刺花螳螂
Pseudocreobotra wahlbergii
长度：40～50毫米
分布：非洲

薄翅螳螂
Mantis religiosa
长度：100～120毫米
分布：南欧、亚洲、非洲、大洋洲的澳大利亚和北美洲

所罗门斧螳
Hierodula salomonis
长度：100～150毫米
分布：所罗门群岛

小提琴螳螂
Gongylus gongylodes
长度：90～100毫米
分布：亚洲

灰斑螳螂
Gonatista grisea
长度：38～40毫米
分布：美国南部、古巴、牙买加和波多黎各

地中海虹螳
Iris oratoria
长度：55～65毫米
分布：欧洲、亚洲和北美洲的美国

欧洲跳螳
Ameles decolor
长度：20～25毫米
分布：南欧和北非

金斑巨螳
Sphodromantis aurea
长度：70 ~ 90毫米
分布：非洲（加纳和
利比里亚）

兰花螳螂
Hymenopus coronatus
长度：25 ~ 70毫米
分布：亚洲

勇斧螳
Hierodula membranacea
长度：80 ~ 90毫米
分布：亚洲

台湾花螳螂
*Odontomantis
planiceps*
长度：20 ~ 30毫米
分布：亚洲

菱背枯叶螳螂
Deroplatys lobata
长度：75 ~ 80毫米
分布：亚洲

印度拳击螳螂
Ephestiasula pictipes
长度：20 ~ 25毫米
分布：印度和尼泊尔

幽灵螳螂
Phyllocrania Paradoxa
长度：45 ~ 50毫米
分布：非洲

其他物种

迅螳属（未定种）
Acontista cordillerae
长度：20 ~ 22毫米
分布：中美洲

南美眼翅螳
Stagmatoptera septentrionalis
长度：66 ~ 82毫米
分布：中美洲

环螳属（未定种）
Perlamantis alliberti
长度：15 ~ 20毫米
分布：南欧和北非

托尔铁克螳螂（痣螳属）
Stagmomantis tolteca
长度：59 ~ 62毫米
分布：南美洲

欧洲锥螳
Empusa pennata
长度：47 ~ 67毫米
分布：南欧和北非

地螳螂（地螳属未定种）
Geomantis larvoides
长度：22 ~ 25毫米
分布：南欧和北非

魔花螳螂
Idolomantis diabolica
长度：110 ~ 130毫米
分布：非洲

二角裂头螳
Schizocephala Bicornis
长度：130 ~ 150毫米
分布：印度和尼泊尔

金属螳螂
Metallyticus splendidus
长度：35 ~ 40毫米
分布：亚洲

魔花螳螂

这种节肢动物是其属（Idolomantis，幽灵螳属）的唯一代表动物，被认为是世界上最奇特的动物之一：它五彩斑斓的身体、带有叶状凸起的足和巨大的体形，看起来就像一朵花。

花朵模拟是魔花螳螂的一种完美伪装，以便其可以神不知鬼不觉地移动，并等待被迷惑的昆虫进入捕食范围，然后它扑上去，用其前肢将猎物禁锢，用坚硬的下颚撕扯猎物。然而，当魔花螳螂成为潜在的猎物或感到威胁时，它会通过伸出前足来抬起身体，并在其"手臂"内侧显示出鲜艳夺目的图案和颜色（紫色、黑色、蓝色、白色、绿色和红色），目的是试图劝阻攻击者。

该物种的两性异形并不像其他物种那样明显，尽管雄性体形略小，但它们有更多数量的腹节，颜色更鲜艳，触角长而粗，有羽毛，而雌性的触角则短而细。雌雄两性都有色彩鲜艳的翅膀，尤其是前翅，略微硬化以保护脆弱的、膜质的成对后翅。螳螂对人类无害且无毒，也是农民的好盟友，因为它们有助于控制害虫，具体来说，就是飞虫。

繁殖

繁殖前，雌性通过弯下它的腹部末端，并略微抬高翅膀向潜在的求偶者发出信号（信息素）。交配时，雄性跳到雌性的背上，用前足抱住雌性，并将精包送入雌性的性器官，然后迅速离开，以免被吞食。尽管螳螂名声不佳，但事实证明，性食同类虽然在圈养样本中很常见，但在自然界中不常见。这种行为的原因，人们目前还不是很清楚，但认为当雌性处于隐居状态时，可能由于压力或资源缺乏而更具攻击性。

受精几周后，螳螂产下的卵会被1个泡沫状的卵鞘包裹，不久之后卵鞘会硬化。1个月后，10～50只若虫孵化，它们先是黑色的，可能是在模仿蚂蚁，然后变成棕色，以便与枯叶混在一起。几次蜕皮后，它们变成成虫，平均用时3个月。

由于美丽迷人，魔花螳螂是世界上最受欢迎的宠物物种之一。

魔花螳螂
（*IDOLOMANTIS DIABOLICA*）

目： 螳螂目
科： 椎头螳科
食物： 飞虫，如苍蝇、草蛉、甲虫、飞蛾或蝴蝶
长度： 110～130毫米
寿命： 10～12个月
分布： 非洲

外貌

上部为绿色，有白色斑点，前足内侧颜色鲜艳（紫色、黑色、蓝色、白色、绿色和红色）。胸部是足和翅膀所在的位置，由前胸、中胸和后胸组成。雄性的腹部有8节，雌性的腹部有7节。

头

复眼突出，颜色为橙红色或紫色；有触角，并通过触角探测化学迹象、运动和气味；且有坚硬的下颚，用下颚来切割、撕碎、刺穿和碾碎食物。

足

前肢具有捕食功能，因此很强壮，股骨和胫骨有刺，螳螂用刺刺入猎物体内，抓住猎物使其无法行动。其余的4只足，细而长，用于运动。

兰花螳螂

当英国探险家詹姆斯·辛斯顿（James Hingston）在爪哇岛周游时，第一次看到一只这种昆虫正在捕食苍蝇，他误以为其是一种在树叶间捕食的食虫兰花。

这也难怪，因为兰花螳螂由于其呈现的颜色，从白色到不同深浅的粉红色，以及长有花瓣状附肢的足，可以完美地伪装自己，与周围的环境融为一体。但它的目的不是像蟹蛛那样躲藏起来，而正好相反：它爬上植物，以便让自己置身于一个视野好的地方……并在那里等待食物的到来。

事实上，兰花螳螂对传粉者的吸引力比花朵本身更大，这已被证实。这项研究是由科学家詹姆斯·奥汉伦（James O'Hanlon）和詹姆斯·吉尔伯特（James Gilbert）完成的，他们指出因为昆虫更多地是被整体色彩所引导，而不是外表，所以他们很快将螳螂归类为一朵充满花蜜的"巨花"，并前来查看。

此外，这些在东南亚雨林中繁衍的独特的节肢动物，可以在几天内随心所欲地改变它们的体色以适应周围环境。

该物种的两性异形非常明显：雌性的体形可能比雄性大3倍。依据《科学报告》（Scientific Reports）的说法，为了吸引更大的传粉者，如蜜蜂，它们在不断进化。但是，雄性遵循一种相反但同样有效的策略：在寻找伴侣时保持小体形和伪装以躲避捕食者。雄性和雌性都能够飞行，但前者的飞行能力更强。

繁殖

在最后一次蜕皮后约两周，雌性就可以交配了。交配后数天或数周，它们将产下卵鞘：由蛋白质泡沫包裹的卵簇，长约5厘米，起初是白色的，但一两天后会变硬，且变成浅褐色。在1.5个月内会孵化出50～100只若虫。雌性在达到成熟之前要经历7个阶段，而雄性只需要5个阶段。

它们用香蕉来补充其肉食性饮食，可能是因为这种水果含有钾。

兰花螳螂
（*HYMENOPUS CORONATUS*）

目： 螳螂目
科： 花螳科
食物： 昆虫和小型爬行动物或两栖动物
长度： 雄性，最长25毫米；雌性，60～70毫米
寿命： 雌性，约8个月；雄性，约5个月
分布： 东南亚，主要是马来西亚和印度尼西亚

雌性

外貌	胸部	腹部	足	触角
外表被修饰得像一朵花，腹部更宽，呈白色和（或）粉红色。	胸部有绿色的带状标记。	腹部大而细长，有6节。	用于行走的四肢有宽大的股叶，类似于花瓣。	触角短，与雄性不同，雄性的触角更长。

雄性

外貌	胸部	腹部	足和翅膀	眼睛	若虫
与雌性的不同之处在于雄性的小体形和它们的颜色——白色与棕褐色或橙色斑点混合在一起。	胸部有一个咖啡色的背部标记。	腹部有8节。雌雄两性都有一只位于腹部的"耳朵"，用来探测蝙蝠的回声定位声音，蝙蝠是它们的主要捕食者。	两对运动足几乎没有叶。翅膀呈白色，很长。	雄性和雌性都有立体视觉，通过这种视觉，它们将来自每只眼睛的两个图像整合成一个单独的立体图像，有凸起且有足够的深度。	在第1阶段，它们是红色的，头和足是黑色的，就像猎蝽科（Reduviidae）的臭虫一样，会咬人，气味不好闻。

白蚁

白蚁，又称为螱，与蟑螂一样，属于蜚蠊目。身体柔软，它们会由多达3000个个体组成大的群体，由能繁殖蚁王和蚁后领导。其余的品级包括：工蚁，无翅，通常没有视觉；兵蚁，有坚硬的下颚，负责防御；有翅型白蚁，会从白蚁巢离开去交配并形成新的集群，补充繁殖蚁，在原始繁殖蚁消失或产卵量减少的情况下，将取代原始繁殖蚁。这些昆虫是不完全变态昆虫（卵、若虫、成虫），并以纤维素为食，多亏了共生在消化系统内的微生物，它们可以将纤维素吸收。

黄颈木白蚁
Kalotermes flavicollis
长度：10毫米
分布：欧洲、北非和西亚

欧洲散白蚁
Reticulitermes lucifugus
长度：10毫米
分布：北美洲和欧洲的法国普罗旺斯地区

东非白蚁
Macrotermes bellicosus
长度：100毫米
分布：非洲和东南亚

北美散白蚁
Reticulitermes flavipes
长度：10毫米
分布：欧洲和北美洲

麻头砂白蚁
Cryptotermes brevis
长度：12毫米
分布：亚洲、非洲、大洋洲的澳大利亚和整个美洲

其他物种

南方散白蚁
Reticulitermes virginicus
长度：7.5毫米
分布：北美洲

哈氏散白蚁
Reticulitermes hageni
长度：7.5毫米
分布：北美洲

智利新白蚁
Neotermes chilensis
长度：12毫米
分布：美洲（智利）

湿木白蚁
Porotermes quadricollis
长度：12毫米
分布：亚洲、非洲、大洋洲的澳大利亚和整个美洲

达尔文澳白蚁
Mastotermes darwiniensis
长度：35毫米
分布：澳大利亚

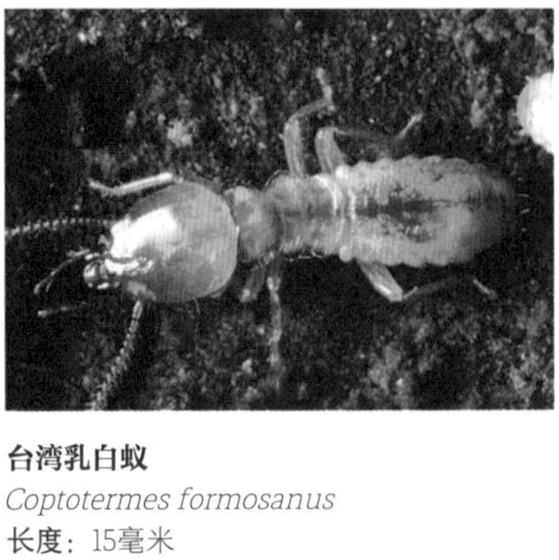

台湾乳白蚁
Coptotermes formosanus
长度：15毫米
分布：亚洲、非洲和北美洲

细腰湿木白蚁
Zootermopsis angusticollis
长度：18毫米
分布：北美洲东海岸

蟑螂

毫无疑问，蟑螂是最令人讨厌的昆虫之一，但在现存的3500多种蟑螂中，只有约30种生活在人类环境中，而且只有4种被认为是害虫：美国蟑螂、澳大利亚蟑螂、德国蟑螂和东方蟑螂。它们是不完全变态昆虫，可能有两对翅膀（前翅为鞘翅、后翅为膜翅），但通常不善于飞行。它们遍布世界各地，一方面是因为其对化学品和高辐射水平有很强的抵抗力，另一方面是因为它们可以连续几天不进食，且能够食用任何东西：水果、腐肉、蔬菜、人的头发和指甲、肥皂等。

杜比亚蟑螂
Blaptica dubia
长度：45毫米
分布：中美洲和南美洲

美洲大蠊
Periplaneta americana
长度：40毫米
分布：世界各地

德国小蠊
Blatella germanica
长度：12～15毫米
分布：世界各地

东方蠊
Blatta orientalis
长度：20～25毫米
分布：世界各地

中美洲巨型洞穴蟑螂
Blaberus giganteus
长度：90毫米
分布：中美洲和南美洲

马达加斯加蟑螂
Gromphadorhina portentosa
长度：76毫米
分布：马达加斯加

森林黑蟑螂
Ectobius lapponicus
长度：9～11毫米
分布：欧洲、亚洲和北美洲

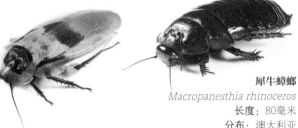

死人头蟑螂
Blaberus craniifer
长度：60毫米
分布：中美洲

犀牛蟑螂
Macropanesthia rhinoceros
长度：80毫米
分布：澳大利亚

其他物种

长须带蠊
Supella longipalpa
长度：10～15毫米
分布：世界各地

澳洲大蠊
Periplaneta australasiae
长度：35毫米
分布：世界各地

珠穆朗玛地鳖
Eupolyphaga everestiana
长度：18～23毫米
分布：中国西藏

亚洲蟑螂
Blattella asahinai
长度：16毫米
分布：亚洲和北美洲

美洲长翅蟑螂
Megaloblatta longipennis
长度：200毫米
分布：中美洲和南美洲

古巴蜚蠊
Panchlora nívea
长度：24毫米
分布：中美洲和北美的美国南部

犀牛蟑螂

这个名字本身就是一个线索……它是现存最重的蟑螂种类，因为它的体重可达35克，但它不是最大的，这个头衔由美洲长翅蟑螂获得，因为它有惊人的20厘米。

颜色呈红棕色或深棕色，粗壮、多刺的足很显眼，用足在土壤中挖掘深达1米的洞穴，末端有一室，它在那里生活和储存食物，因此它被称为巨型挖洞蟑螂。晚上，它来到地面，寻找枯叶为食，最好是桉树叶。它没有翅膀，因为大多数时间它都在地下生活，几乎用不到翅膀，但它确实有能力通过用力收缩腹部，将空气通过腹部的最后一个气孔（呼吸孔）从体内排出，从而产生人类可以听到的口哨声。这种声音既用于防御，目的是吓退捕食者，也用于求偶或与其他同类进行有攻击性的互动。这种昆虫在生态系统中起着至关重要的作用，因为它以分解的有机物（枯叶）为食，将其转化为可供其他生物利用的营养物质。

繁殖

它是一种独居动物，只为了交配而聚集。在求偶过程中，雄性会作出凸弧形的姿势，并吹口哨，雌性会通过抬起腹尖并打开身体的背板来回应。雄性用它的前胸背板压住伴侣的腹部下端，目的是将其抬起，一旦达到这个目的，它就会旋转180°进行交配。它们将保持结合姿势约30分钟，之后两者将不再有任何互动。3个月后，在雌性每年唯一的一次产卵中，将有约20只幼虫（若虫）出生，雌性将在幼虫生长的前5~7个月喂养和照顾它们，在这个阶段雌性对其他个体表现得更具攻击性。在此期间，若虫将进行约7次蜕皮。当它们在2~5岁第11次脱去表皮时，会被认为成为成虫，它们将继续生长至7岁。

它们作为宠物备受追捧，因为其对人类无害，具有安静而害羞的特性，且不会飞。

犀牛蟑螂

（*MACROPANESTHIA RHINOCEROS*）

目：蜚蠊目
科：匍蜚蠊科
食物：叶、树皮和干枝，主要是桉树
长度：约80毫米
寿命：8~10年
分布：澳大利亚

外貌

　　成虫呈深棕色，而较年轻的个体则呈红色。外壳很硬，因为含有碳酸钙以保护内部器官，而且还被防水蜡所覆盖。

头

　　它的头部完全隐藏在前胸背板下，在这种情况下，前胸背板就像一顶坚硬的兜帽，在兜帽下面伸出长长的触角，通过触角来感知世界，因为它的视力非常差。雄性的前胸背板较大且呈凹形，看起来就像犀牛角，而雌性的前胸背板则是平的。

胸部和腹部

　　胸部分为3节，而腹部则分为10节，每节都有1对呼吸孔。

足

　　它们的足粗壮、结实，长满刺，非常适合挖掘。

脉翅目

脉翅目是完全变态昆虫，外形纤细，身体柔软，有两对通常很发达的膜质翅膀，呈半透明状。一些科的物种与其他昆虫群有明显的相似之处：螳蛉科（*Mantispidae*）有成对且长的前足，类似于薄翅螳螂，而蝶角蛉科（*Ascalaphidae*）是高效的空中捕食者，类似于蜻蜓。虽然少数昆虫在成年后以花蜜和花粉为食，但大多数都是积极的捕食者。此目中的所有幼虫都非常贪吃；有些可以在淡水中被找到，有些是挖掘者，还有一些是寄生虫（它们以蜘蛛的血淋巴为食），许多幼虫用粪便或碎屑覆盖自己以达到伪装的目的。该目所有的昆虫，除水蛉科（*Sisyridae*）外，都会产生毒液，它们通过下颚将毒液注入猎物体内，麻醉猎物以便被吞食。大多数脉翅目昆虫直接或间接地有益于控制蚜螨和小型软体动物的数量，如蚜虫和鼠妇。

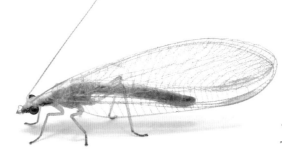

普通草蛉
Chrysoperla carnea
长度：8.5毫米
分布：广泛分布于北半球，从北极圈、大西洋中的马卡罗尼西亚群岛、北非到东非的苏丹和亚洲（格鲁吉亚、俄罗斯的亚洲部分和日本）

透明蚁蛉
Myrmeleon hyalinus
长度：20毫米
分布：从西班牙加那利群岛到伊朗，从南欧和北非到东非埃塞俄比亚的南部

褐纹树蚁蛉
Dendroleon pantherinus
长度：11毫米
分布：从法国延伸到中国

泛穴蚁蛉
Myrmeleon formicarius
长度：18 ~ 19毫米
分布：欧洲、北非和亚洲

须蚁蛉属（未定种）
Palpares hispanus
长度：40 ~ 45毫米
分布：伊比利亚半岛、摩洛哥、阿尔及利亚、突尼斯、利比亚和埃及

丽蝶角蛉属（未定种）
Libelloides lacteus
长度：17 ~ 20毫米
分布：欧洲

蚁蛉属（未定种）
Myrmeleon inconspicuus
长度：22 ~ 23毫米
分布：欧洲、北非、西亚阿拉伯半岛的中部和北部地区以及亚洲温带地区

旌蛉
Nemoptera bipennis
长度：40 ~ 50毫米
分布：从大西洋到地中海的沿岸地区（西班牙、葡萄牙、法国南部和摩洛哥）

草蛉
Chrysopa perla
长度：10 ~ 12毫米
分布：欧洲和亚洲

蝶角蛉
Libelloides coccajus
长度：25毫米
分布：欧洲

斯提利亚螳蛉
Mantispa styriaca
长度：15～20毫米
分布：在欧洲广为人知，传播到非洲（摩洛哥）和西亚或中亚

溪蛉属（未定种）
Osmylus fulvicephalus
长度：25毫米
分布：欧洲和亚洲

东蚁蛉属（未定种）
Euroleon nostras
长度：30毫米
分布：整个地中海地区，中欧，欧亚分界处的亚美尼亚、阿塞拜疆、格鲁吉亚和高加索

斑翅丽蝶角蛉
Libelloides macaronius
长度：约20毫米
分布：欧洲

丽斑须蚁蛉
Palpares libelluloidea
长度：40～45毫米
分布：古北极西部，传播到高加索、叙利亚、阿塞拜疆、伊朗和伊拉克

平肘蚁蛉属（未定种）
Creoleon lugdunensis
长度：20毫米
分布：西地中海地区，常见于欧洲的克罗地亚、瑞士、意大利、马耳他、法国、西班牙、葡萄牙及北非的摩洛哥和突尼斯

其他物种

蚁蛉属（未定种）
Myrmeleon mariaemathildae
长度：20毫米
分布：意大利和突尼斯

距蚁蛉属（未定种）
Distoleon tetragrammicus
长度：20毫米
分布：南欧和北非

蚁蛉属（未定种）
Mymecaelurus trigrammus
长度：22毫米
分布：欧洲、北非和亚洲

蚁蛉科未定属种
Gymnocnemia variegata
长度：18毫米
分布：从西班牙到以色列和瑞士，传播到乌克兰、俄罗斯西南部和土库曼斯坦

蚁蛉属（未定种）
Myrmeleon ocreatus
长度：21毫米
分布：大西洋、地中海沿岸地区，常见于西班牙、法国、意大利和葡萄牙

蚁蛉科未定属种
Neuroleon arenarius
长度：30毫米
分布：全地中海沿岸地区，常见于欧洲的西班牙、法国、意大利、马耳他、希腊及北非的阿尔及利亚和摩洛哥

蚁蛉科未定属种
Nemoleon notatus
长度：32～37毫米
分布：地中海范围的海岸和北非

蚁蛉科未定属种
Solter liber
长度：20～24毫米
分布：欧洲的葡萄牙、西班牙及非洲的摩洛哥、突尼斯和毛里塔尼亚

蚁蛉科未定属种
Neuroleon nemausiensis
长度：23毫米
分布：受地中海气候影响的古北极西部地区

广钩齐褐蛉
Wesmaelius subnebulosus
长度：9毫米
分布：作为原北极物种，可能被引入北美洲，也被引入了新西兰

等鳞蛉属（未定种）
Isoscelipteron glaserellum
长度：20毫米
分布：地中海附近的欧洲地区和北非

蚁狮

这个名称是指该物种的幼虫，它们不是蚂蚁，而是以蚂蚁为食，更不是狮子，但它们可能像大型猫科动物一样凶猛。

它们实际上是脉翅目（意思是"有纹路的翅膀"），有两个明显不同的生命周期：第一周期是幼虫，它是陆生的，可持续两年，第二周期则短得多（2～4周），是飞行的成虫。在第一阶段，这种昆虫有可怕的外观，因为按比例来说，其下颚是动物王国中最大的。在此期间，它以昆虫为食，主要是蚂蚁，它通过设置致命的陷阱来捕食。随着头部的快速移动，它会做出一个松散的沙漏斗，并停留在漏斗的底部，静止不动且看不见东西，直到它感觉到足的振动，该振动是猎物试图避免从斜坡上摔下来而产生的；然后，它用头向猎物弹抛沙子，以"帮助"其落到锥体的中心。在那里，它张开下颚等待着，并给猎物注入一种含有酶的毒液，这种酶可以液化猎物的内部器官，之后它只需吸食产生的汁液，并在重建洞口之前将残留物从巢穴中抛出。

因为成虫习惯于夜间活动，所以关于它们的信息并不多，而且由于它们的伪装使其在白天很难被注意到。成虫与幼虫完全不同，在形态上更类似于豆娘。因为以蚜虫和其他小型软体昆虫为食，所以它们是果园和花园的好盟友。幼体和发育成熟的个体都生活在开阔、干燥以及气候温和或温暖的地区。

繁殖

它是一种完全变态昆虫（卵、幼虫、蛹和成虫均不一样）。雌性一个一个地产卵，平均可产下8个卵，全埋或半埋在沙子里，大约4周后孵化，然后经历3个幼虫阶段。整个发育过程持续两年时间。第2次冬眠后，幼虫被包裹在一个茧（一种沙球）中，在那里发生变态，就像《美女与野兽》的故事一样，这个科幻电影中的年轻的怪物变成了一个优雅而美丽的成年人。这种昆虫只会存活2～4周。

幼虫的行为使这种昆虫被认为是少数使用工具（用头部弹抛沙子）来获取食物的昆虫之一。

蚁狮

（*MYRMELEON FORMICARIUS*）

目： 脉翅目
科： 蚁蛉科
食物： 昆虫
长度： 18～19毫米
寿命： 2年
分布： 中欧和西欧、亚洲的小亚细亚（土耳其的亚洲部分）和中东地区

成虫外貌

身体柔软，腹部呈黑色，长而窄，有细而短的绒毛。在腹部末端，雄性有性交配器官，让人联想到蟑螂的钳。

头

头部呈深灰色，两侧有褐色的大眼睛。有1对粗壮的触角，长度是其头部的两倍，末端呈棒状。

翅膀

胸部长有两对透明的翅膀，有明显的深色翅脉，窄而长于身体。前翅翼展为35～40毫米，休息时环绕腹部。

幼虫

幼虫呈棕褐色，无翅，全身覆盖着坚硬的刚毛。

胸部和腹部

胸部（其3对足生长的地方）明显分开，较后部的体节更窄。就其本身而言，胸部变宽，呈卵形，背部有瘤。

下颚

与身体成比例的巨大，坚硬，配有长刺的牙，实际上这是空心口器，蚁狮通过口器吸食猎物。

蜜蜂和熊蜂

世界上约有2万种已知的蜜蜂，其中大多数不酿蜜，直接以花蜜为食（蜂蜜是这种花蜜的转化，这要归功于蜜蜂嗉囊中的酶，随后蒸发掉多余的水分）。蜜蜂科大致可分为多种类型的蜜蜂（蜜蜂、野蜂、寄生蜂、独居蜂、兰花蜂、木匠蜂等）和熊蜂属的熊蜂。它们组成了地球上最重要的传粉者群体，但最近一段时间，其数量在不断下降，这种现象前所未有，确切原因尚不清楚。科学家将此归因于多个因素：在植物中积累的新烟碱类杀虫剂、能使昆虫迷失方向的电磁波、温度异常改变开花周期的气候变化，以及入侵物种。我们食用的大部分水果和蔬菜都依赖于这些传粉媒介，阿尔伯特·爱因斯坦（Albert Einstein）说过一句众所周知的话："如果蜜蜂在地球上消失了，那么人类也只剩下4年的寿命了。"

兰花蜂
Euglossa obrima
长度：12～14毫米
分布：中美洲

黑小蜜蜂
Apis andreniformis
长度：7～10毫米
分布：亚洲

巨型蜜蜂
Apis dorsata
长度：17～20毫米
分布：亚洲

华莱士巨蜂
Megachile pluto
长度：39毫米
分布：印度尼西亚

西方蜜蜂
Apis mellifera
长度：10～12毫米
分布：世界各地

切叶蜂（花黄斑蜂）
Anthidium florentinum
长度：10～25毫米
分布：欧洲、亚洲和北非

东方蜜蜂
Apis cerana
长度：10～11毫米
分布：亚洲

科舍夫尼科夫蜜蜂
Apis koschevnikovi
长度：10～11毫米
分布：亚洲

红小蜜蜂
Apis florea
长度：7～10毫米
分布：亚洲

杜鹃蜂
Melecta luctuosa
长度：17～19毫米
分布：欧洲和亚洲部分地区

红壁蜂
Osmia rufa
长度：8～12毫米
分布：欧洲、北非和亚洲的伊朗

红尾熊蜂
Bombus lapidarius
长度：18～27毫米
分布：欧洲

长角长须蜂
Eucera longicornis
长度：13毫米
分布：欧洲和亚洲

花园大熊蜂
Bombus ruderatus
长度：15～22毫米
分布：欧洲、北非和南美洲

普通熊蜂
Bombus pascuorum
长度：14～18毫米
分布：欧洲

欧洲熊蜂
Bombus terrestris
长度：16～22毫米
分布：欧洲、小亚细亚和北非，后被
引入美洲

蓝紫木蜂
Xylocopa violacea
长度：25～30毫米
分布：欧洲

美洲东部熊蜂
Bombus impatiens
长度：16～23毫米
分布：北美洲

科罗拉多熊蜂（戴氏熊蜂）
Bombus dahlbomii
长度：20～30毫米
分布：南美洲

黑熊蜂
Bombus atratus
长度：16～23毫米
分布：南美洲

亚洲熊蜂
Bombus ignitus
长度：14～19毫米
分布：亚洲

其他物种

印度尼西亚蜂
Apis nigrocincta
长度：11～13毫米
分布：亚洲

清芦蜂
Ceratina cyanea
长度：7～9毫米
分布：西欧、非洲西北部和亚洲
部分地区

海岸切叶蜂
Megchile marítima
长度：7～18毫米
分布：欧洲和亚洲

黄腿游牧蜜蜂
Nomada succinta
长度：10～13毫米
分布：欧洲

班克西亚蜜蜂
Hylaeus alcyoneus
长度：12毫米
分布：澳大利亚

黄脸蜜蜂
Hylaeus sanguinipictus
长度：4毫米
分布：澳大利亚

斑点叶舌蜂
Hylaeus punctatus
长度：4毫米
分布：欧洲和美洲

喜马拉雅巨型蜜蜂（岩蜂）
Apis laboriosa
长度：20～30毫米
分布：亚洲

苹果熊蜂
Bombus pomorum
长度：18～23毫米
分布：欧洲

战斗熊蜂
Bombus bellicosus
长度：16～25毫米
分布：南美洲

杜鹃熊蜂
Bombus rupestris
长度：18～25毫米
分布：欧洲

西方蜜蜂

西方蜜蜂对于人类而言可能是最熟悉和最有价值的昆虫。一方面，我们几千年来一直在利用它们的产物（蜂蜜、蜡、蜂胶、蜂王浆和毒液）；另一方面，我们所食用的水果和蔬菜中的60%都是通过它们的劳动（授粉）而繁衍的。

西方蜜蜂有一个极其复杂的社会组织，在这个组织中，所有的个体都表现得高度团结，它们会毫不犹豫地为了整体的利益而牺牲掉一个同伴。它们的社会分为3个等级：工蜂，是雌性，承担所有的工作，在其生命的每个阶段都有不同的职能（清洁、分泌蜂王浆、分泌蜂蜡、防卫，最后是采集花蜜和花粉）；雄蜂，唯一的雄性，其主要目的是繁殖；以及蜂王，它的作用是保持蜂巢团结，其唯一和至关重要的任务是产卵（每天产卵500～3000个）。

繁殖

当蜂王生病或年老时，工蜂会在3天内培养新的幼虫继承蜂王，培养幼虫的方式是工蜂持续以蜂王浆喂养幼虫的一生，蜂王浆是工蜂在5～14天大时分泌的产物。

当被选中的幼虫度过蛹期后，第一个破蛹而出的蜂王会寻遍所有的幼虫以消灭它的竞争对手；如果有两只同时破蛹，它们将面对面地进行一场生死搏斗。几天后，获胜者将离开蜂巢进行"婚飞"，在飞行中它将与来自其他蜂巢的不同雄蜂交配，以确保基因交换。交配后，雄蜂死亡，蜂王带着满腹的精子回到家中，在它余下的繁殖生活中，它将用这些精子使卵受精。卵子可以是受精卵，然后从它们中产生工蜂或未来的蜂王（取决于饮食），或者是未受精卵，它们将发育成雄蜂。幼虫在蜂巢内生长，直到它们进入蛹期，这时，工蜂将在幼虫的蜂房上放置一个透气的"盖子"，并停止饲喂它们。15～25天后，成虫破蛹而出。

交流

蜜蜂有一种交流系统，通常被称为"蜜蜂舞"。这是它们自己的语言，依靠这种舞蹈，它们可以向其他蜜蜂"解释"食物的来源、所处位置的距离和相对于太阳的方向。"蜜蜂舞"是由德国科学家卡尔·冯·弗里希（Karl von Frisch）、奥地利科学家康拉德·洛伦茨（Konrad Lorenz）和英国科学家尼可拉斯·丁伯根（Nikolaas Tinbergen）破译的，该项研究为他们赢得了1973年的诺贝尔生理学或医学奖。

西方蜜蜂
APIS MELLIFERA

目：膜翅目

科：蜜蜂科

食物：蜂王浆、蜂蜜和花粉

长度：蜂王，19毫米；雄蜂，17毫米；工蜂，12～15毫米

寿命：蜂王，4年；工蜂，40天～4个月（如果出生在秋季）；雄蜂，3个月

分布：世界各地

它们采集的花蜜并不直接进入胃部消化，而是储存在蜜囊中，然后被带回蜂巢，让它们的姐妹品尝到甜美的液体。蜂毒的功效是青霉素的50万倍。

眼睛

　　它们有5只眼睛：2只大的复眼，3只单眼，位于额上，用于探测蜂巢内光的强度和波长。雄蜂的视力更好，因为它们必须在繁殖飞行中找到雌性。

口器

　　它们用下颚吸食花粉、泌蜡、抓握，在破蛹时打开盖，以及在蜂巢中工作。用长鼻吸收液体。

外貌

　　整个身体都覆盖着感觉绒毛，用来吸附花粉。它们不是黄色和黑色的，而是深褐色的，长有金色的毛，但会随着年龄的增长而脱落。

螫针

　　工蜂的螫针呈弯曲和锯齿状，当螫针刺入皮肤，不能拔出时，蜜蜂会因撕裂腹部而亡；蜂王的螫针是直的，它只用其来对付其他蜂王；雄蜂没有螫针。

触角和翅膀

　　触角是空心的吸管状，它们通过触角以振动的形式探测气味和声音。有两对膜质的翅膀。

足

　　第1对足有"梳子"，用于清洁眼睛和触角；第2对足有刷毛，用于去除花粉并将其放于后足，后足上有筐状坚硬且弯曲的毛，用于储存和运输花粉。

欧洲熊蜂

熊蜂是重要的传粉者，就像蜜蜂一样，但可能没有蜜蜂那么有名，因为它们不会将花蜜转化为蜂蜜。

欧洲熊蜂胖乎乎、毛茸茸的，它们与其蜂蜜"表亲"有很多相似之处，例如复杂且分等级的社会组织：负责产卵的蜂王、劳动的工蜂和生殖的雄蜂。蜂王和工蜂是仅有的拥有螫针的两类，但与蜜蜂不同的是，它们的螫针是直的，所以当它们在蜇人时不会死亡。它们的后足上也有一个花粉筐，用来运输附着在其绒毛上的花粉，这些花粉与花蜜一起组成了它们的食物。

与该属的其他成员相比，欧洲熊蜂的舌头较短，所以有时它不会进入花冠的顶部，而是刺穿花冠的底部以吸取含糖液体。结束收集后，它会返回巢穴，将花粉和花蜜存放在蜡质容器中。由于它的授粉能力，并且能够在恶劣的天气条件下保持活跃，它被用于温室中以促进农作物增产。这种方式导致了一些个体在非原生国家野生化，这就是为什么它在日本、智利、阿根廷和塔斯马尼亚被认为是一种入侵物种，在那里这些个体取代了土生熊蜂或与之杂交。

繁殖

年轻的蜂王，在前一年出生，并仅由一只雄蜂受精。在漫长的休眠后，它会为了觅食而在春天离开它的庇护所，然后寻找一个地方建立它的集群，这个地方可以是任何废弃的啮齿动物巢穴。在那里，蜂王独自开始筑巢来储存食物，然后在一个集体蜂房中产下第一批卵，随着幼虫的生长，这个蜂房会扩大，为它们提供发育所需的花粉。约20天后，这些幼虫会形成独立的茧，在茧内将进行变态发育。第一批出生的工蜂通常较小，它们会帮助饲养下一批的幼虫，以及获取食物和保护巢穴，使蜂王能够完全专注于产卵。

当蜂群足够大时（数量在300～500只），蜂后开始产卵，首先是未受精的卵，从而发育成为雄蜂，之后，在夏末，受精的卵将繁育出新的蜂王，新的蜂王将在秋季的婚飞中交配，并在蜂群的所有其他成员死亡时寻找一个新的地方冬眠。

蜂王通过信息素抑制工蜂的卵巢发育，从而确保它是唯一负责产卵的蜜蜂。它的数量，就像许多其他昆虫一样，似乎也在下降。

欧洲熊蜂
（BOMBUS TERRESTRIS）

目： 膜翅目

科： 蜜蜂科

食物： 花蜜和花粉

长度： 蜂王，22毫米；工蜂，17毫米；雄蜂，16毫米

寿命： 蜂王，1年半；工蜂，2～3个月；雄蜂，3～4个月

分布： 原产于欧洲、北非和亚洲的小亚细亚

外貌

它们的身体被毛所覆盖。胸部相对较短，有1条橙色条纹；而腹部有两条橙色条纹，腹部末端有1条白色条纹，这将它与其他种类的熊蜂区分开来。

头

它们的头小而窄，有1对触角，具有触觉和嗅觉功能。有两只复眼，用于飞行中的视觉，前额顶部有3只单眼，用于短距离视觉或在其庇护所内使用。口由用于咬、咀嚼和切割的下颚和用于吮吸液体的舌头或长鼻组成。

足

第1对足上有一个凹口，用于清洁附着在触角上的花粉粒，而工蜂的最后1对肢体有1个凹面或盛花粉的篮子，被称为花粉筐。

黄蜂

　　黄蜂，种类超过10万种，可分为最为人所知的社会性黄蜂和绝大多数的独栖性黄蜂。前者的社会组织与熊蜂类似，因为只有蜂王能够越冬，并负责建立新的蜂群，蜂王用一种咀嚼过的植物纤维制成的纸浆筑巢，然后由工蜂接替继续筑巢。在独栖性黄蜂中，陶工黄蜂（用泥巴做巢）、蜘蛛蜂、掘土蜂或寄生蜂比较著名。寄生蜂在其他昆虫体内产卵，宿主会成为其幼虫的食物，通常宿主最终会死亡，因此它们越来越多地被用于农业害虫防治。在食物方面，大量的物种以花蜜为食，在授粉中发挥着重要作用，但它们会为其幼虫捕食或偷取腐肉，因为这些幼虫需要蛋白质；有许多捕食性黄蜂会杀死对农作物和果园有害的昆虫。

德国黄胡蜂
Vespula germánica
长度：13~18毫米
分布：欧洲、北非和亚洲，被引入美国、澳大利亚和新西兰

大虎头蜂
Vespa mandarinia
长度：50毫米
分布：亚洲和欧洲的俄罗斯

欧洲狼蜂
Philantus triangulum
长度：12~18毫米
分布：欧洲和非洲热带地区

黄脚虎头蜂
Vespa velutina
长度：25~35毫米
分布：亚洲、欧洲（引进物种）

普通黄胡蜂
Vespula vulgaris
长度：17~20毫米
分布：欧洲、亚洲的小亚细亚、大洋洲的澳大利亚和新西兰（引进物种）

黄边胡蜂
Vespa crabro
长度：24~35毫米
分布：欧洲、亚洲和北美洲（引进物种）

东方胡蜂
Vespa orientalis
长度：25~35毫米
分布：欧洲、亚洲、北非，被引入北美的墨西哥

红纸黄蜂
Polistes carolina
长度：15~32毫米
分布：北美洲东部

栎树叶黄蜂
Cynips quercusfolii
长度：3~4毫米
分布：欧洲和亚洲

沙节腹泥蜂
Cerceris arenaria
长度：11～15毫米
分布：欧洲和北非

沙漠蛛蜂
Pepsis formosa
长度：40～51毫米
分布：美洲

造纸胡蜂
Polistes dominula
长度：16～20毫米
分布：欧洲、北非和亚洲，
被引入北美的美国和大洋洲
的澳大利亚

纸黄蜂
Polistes nimpha
长度：14～16毫米
分布：欧洲、亚洲和北非

其他物种

刽子手胡蜂
Polistes carnifex
长度：24～27毫米
分布：中美洲和南美洲

黄色纸黄蜂
Ropalidia romandi
长度：10～12毫米
分布：澳大利亚

点蜾蠃
Eumenes pomiformis
长度：10～16毫米
分布：欧洲、亚洲、北非和北
美洲

玫瑰犁瘿蜂
Diplolepsis rosae
长度：5毫米
分布：欧洲

北方黄胡蜂
Vespula rufa
长度：14～20毫米
分布：欧洲、亚洲和北美洲

沙蜂
Ammophila sabulosa
长度：15～25毫米
分布：欧洲和亚洲

陶工蜂
Ancistrocerus nigricornis
长度：10～13毫米
分布：欧洲和亚洲

小棕纸黄蜂
Ropalidia revolutionalis
长度：8～10毫米
分布：澳大利亚

杀蝉泥蜂
Sphecius speciosus
长度：20～50毫米
分布：中美洲和北美洲

臭虫、蚜虫和蝉

半翅目是昆虫纲的一个目，其中臭虫、蚜虫和蝉是该目中最著名的物种。该类群动物的特征之一是拥有专门吸食植物汁液、哺乳动物血液或节肢动物血淋巴的刺吸式口器，而且通常当它们不进食时，口器折叠置于腹部。该目成员的头部通常非常小，与短而宽的胸部相比，腹部细长，末端呈尖状。前翅比后翅更坚硬，但也有无翅的种类。它们会经历不完全变态：若虫从卵中孵化出来，这与它们经过几次蜕皮后将变成的成虫（成体）相似。其中有些是已知的害虫，会对农作物造成严重的损害。然而，有些会捕食有害昆虫，并对这些害虫的生物控制作出贡献。它们在所有类型的栖息地定居，包括陆域栖地和水域栖地。

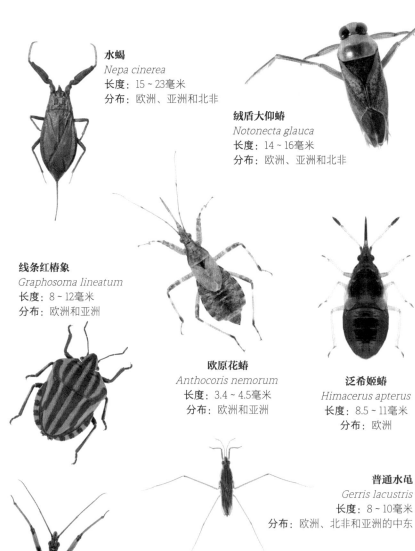

水蝎
Nepa cinerea
长度：15 ~ 23毫米
分布：欧洲、亚洲和北非

绒盾大仰蝽
Notonecta glauca
长度：14 ~ 16毫米
分布：欧洲、亚洲和北非

线条红椿象
Graphosoma lineatum
长度：8 ~ 12毫米
分布：欧洲和亚洲

欧原花蝽
Anthocoris nemorum
长度：3.4 ~ 4.5毫米
分布：欧洲和亚洲

泛希姬蝽
Himacerus apterus
长度：8.5 ~ 11毫米
分布：欧洲

普通水黾
Gerris lacustris
长度：8 ~ 10毫米
分布：欧洲、北非和亚洲的中东

刺客臭虫
Rhynocoris iracundus
长度：14 ~ 18毫米
分布：欧洲和亚洲的中东

床虱
Cimex lectularius
长度：3.5 ~ 8毫米
分布：世界各地

巨型蝉
Quesada gigas
长度：63毫米
分布：中美洲和南美洲

横带红长蝽
Lygaeus equestris
长度：10 ~ 12毫米
分布：欧洲、北非和亚洲

水尺蝽
Hydrometra stagnorum
长度：10毫米
分布：欧洲、北非和亚洲的中东

温室白粉虱
Trialeurodes vaporariorum
长度：1 ~ 3毫米
分布：中美洲和北美洲，被引入几乎全世界各温带气候区

桃蚜
Myzus persicae
长度：1.2 ~ 2.3毫米
分布：欧洲和北美洲

甘蓝菜蝽
Eurydema oleraceum
长度：5 ~ 7.5毫米
分布：欧洲、亚洲和北非

欧姬缘蝽
Corizus hyoscyami
长度：10~12毫米
分布：欧洲和北非

红尾碧蝽
Palomena prasina
长度：12~14毫米
分布：欧洲

原缘蝽
Coreus marginatus
长度：10~13毫米
分布：欧洲和亚洲

新森林蝉
Cicadetta montana
长度：16~27毫米
分布：欧洲和亚洲

沫蝉
Cercopis vulnerata
长度：8~10毫米
分布：欧洲

柑橘蝉
Diceroprocta apache
长度：20毫米
分布：中美洲和北美洲

露盾角蝉
Centrotus cornutus
长度：7~9毫米
分布：欧洲、北非和亚洲

无翅红蝽
Phyrrhocoris apterus
长度：10~12毫米
分布：欧洲

牧草长沫蝉
Philaenus spumarius
长度：5~6毫米
分布：欧洲、亚洲和北非，被引入北美洲

红足真蝽
Pentatoma rufipes
长度：13~15毫米
分布：欧洲

桤尖胸沫蝉
Aphrophora alni
长度：8~11毫米
分布：欧洲和亚洲

其他物种

圆臀大鼋蝽
Gerris paludum
长度：14~16毫米
分布：欧洲、北非和亚洲的中东

草地盲蝽
Leptoterna dolabrata
长度：7~9.7毫米
分布：欧洲和北美洲

脉菱蜡蝉
Cixius nervosus
长度：6.5~8.5毫米
分布：欧洲、亚洲和北非

炭蝉
Cacama carbonaria
长度：24毫米
分布：中美洲和北美洲

美洲蝉
Cacama crepitans
长度：20~30毫米
分布：中美洲和北美洲

落叶松球蚜
Adelges laricis
长度：2.5毫米
分布：欧洲和北美洲

囊柄瘿绵蚜
Pemphigus bursarius
长度：2毫米
分布：世界各地

甘蓝蚜
Brevicoryne brassicae
长度：2毫米
分布：世界各地

黑豆蚜
Aphis fabae
长度：1.2~2.9毫米
分布：世界各地

苹果绵蚜
Eriosoma lanigerum
长度：2~2.5毫米
分布：世界各地

山毛榉叶蚜
Phyllaphis fagi
长度：3毫米
分布：欧洲、中东和北美洲（引进物种）

桃蚜

　　蚜虫属于蚜总科（*Aphidoidea*），是对农作物和果树最具破坏性的害虫之一，因为它们是吸吮昆虫，用长而有节的嘴刺穿植物，特别是植物的柔嫩部分，以吸收其韧皮部的汁液（经过蚜虫加工后）。

　　蚜虫会损害植物并影响其正常生长，同时还可能会将许多病毒和疾病传播到植物上。蚜虫吸食的汁液富含糖分，但蛋白质含量低，因此它们必须吸取大量的汁液以获得必要的营养。它们摄入的多余的糖分以蜜露的形式从肛门排出，蜜露上面生长着一种黑色的霉菌，属于枝孢菌属（*Cladosporium spp*），这种霉菌破坏水果和蔬菜的生长，使之不能售卖。蚜虫与蚂蚁建立了一种共生关系，蚂蚁"畜养"蚜虫，保护蚜虫免受捕食者，尤其是瓢虫的侵害，以换取蜜露这种它们喜爱的甜味分泌物，有时蜜蜂也会利用这种分泌物。

　　桃蚜可能是最著名和最普遍的蚜虫物种之一，因为它通常在其能触及范围内的所有植物上繁殖。虽然桃蚜对各种杀虫剂有很强的抵抗力，但它的天敌众多，包括甲虫，如瓢虫；脉翅目，如草蛉、食蚜蝇（"伪装"成蜜蜂的苍蝇）；还有寄生虫，如茶足柄瘤蚜茧蜂（*Lysiphlebus testaceipes*），它们的幼虫在蚜虫体内生长发育并致其死亡。

繁殖

　　它们能够通过有性生殖和孤雌生殖（卵子可以不经过受精过程而发育成后代的生殖方式）来延续其物种。后一种繁殖方法是最主要的生殖方式，雌性直接产下若虫（成虫的缩小版），这些若虫先前已经在其体内发育完成。通过这种方式，所有雌性个体都会产下新的若虫，包括刚刚出生的若虫，其体内也有正在发育的胚胎，因此它们的繁殖速度能够比任何其他昆虫都快。通常情况下，雌性无翅，但是它们也会产出飞行的下一代，它们会入侵其他植物并繁衍出更多无翅的雌性。

　　就其本身而言，有性生殖的目的似乎是保持遗传多样性，并形成能够在最极端环境条件下生存的卵子。就在出生后的第一个寒冷季节来临之前，有翅膀的雄性和雌性产生了有性别的下一代，它们仅产下一个卵，被称为"冬卵"，直到春天这个卵才会生长发育。从这个卵中会孵化出的雌性，被称为"创始者"，它会繁衍整个一代。

桃蚜
（*MYZUS PERSICAE*）

目： 半翅目

科： 蚜科

食物： 蔬菜汁液

长度： 1.2 ~ 2.3毫米

寿命： 20 ~ 40天

分布： 欧洲和北美洲

桃蚜发育的最佳温度为26℃；高于30℃时，它实际上会停止繁殖；低于6℃时，它会保持休眠且静止不动。

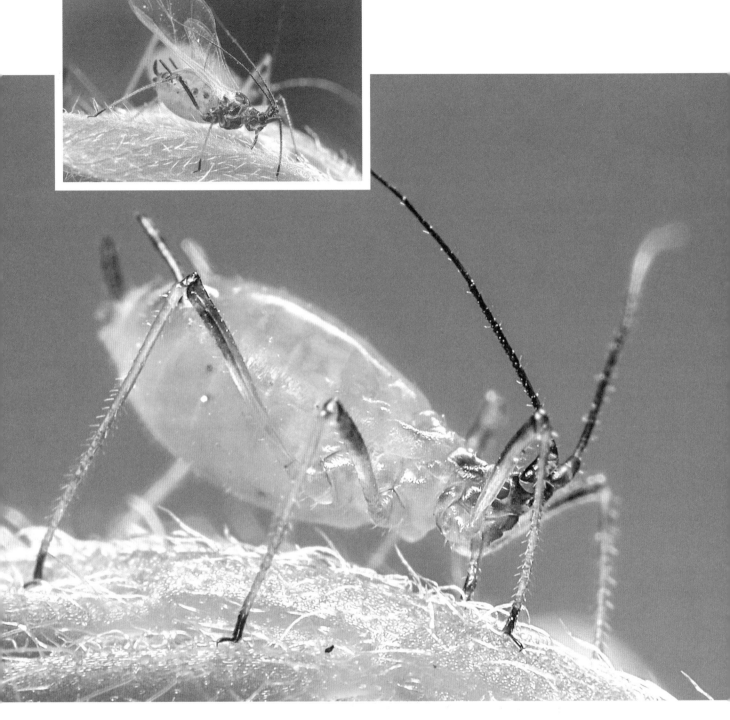

成虫

　　有翅和无翅的成虫都有柔软的身体。无翅成虫的胸部和腹部没有分离，呈椭圆形，颜色呈淡绿色，但也可能呈现粉红色。触角几乎与其身体一样长。

　　有翅成虫的体形没有像前者那么椭圆，胸部和腹部有明显的区分。触角比身体长，其前两节是黑色的，而腹部是绿色的。有两对膜质翅膀，相对较小且透明。

若虫

　　刚出生的若虫与其母亲相似，但体形较小且呈黄色。

床虱

1920～1950年，这种昆虫是最主要的害虫之一，由于战争和迁徙，传播到了五大洲，所以其起源地不详。据说这些臭虫作为蝙蝠的寄生虫生活在洞穴中，并从那里传给了人类。

床虱实际上已经被根除，而且它们的存在往往与不良的卫生状况有关，但是近期的全球化导致其在全球范围内重现：洲际旅行为受侵害的物质从地球上的一个地方运到另一个地方提供了便利。此外，该物种已经发展出对广泛杀虫剂的高度耐受性，因为它是高度近交的，它会将抗性基因从一代传给下一代。

床虱是群居动物，且在夜间活动，不能飞行（无翅），但它通过在任何表面上快速移动来弥补这一缺陷，然后，利用其扁平的身体，可以隐藏在最小的缝隙中。但是，如果这种臭虫吃饱了，它就不能再偷偷溜进去了，因为它变胖了，而且它的身体会变成圆柱状或管状。这些昆虫能够吸收两倍于其体重的血液，然后保持禁食3个月或更长时间。

床虱白天躲在各个缝隙中，晚上在其受害者睡觉的时候像一个小吸血鬼一样在黑暗中觅食。被这些昆虫叮咬的症状因人的敏感度而异，但通常会出现引起瘙痒或局部肿胀的红肿。在资源匮乏的时候，它们会吸食老鼠和家畜的血液，这可能会造成家禽的贫血等伤害。此外，床虱还是一些疾病的潜在传播者，如乙型肝炎或布鲁氏菌病。

繁殖

繁殖方式为有性生殖，但没有交配。雄性用其生殖器刺入雌性的腹部并送入精子，精子利用血淋巴作为运输工具到达卵巢。每只雌性床虱一生可产卵200～500个（尽管这取决于摄食的血液量、环境温度和雌性的年龄），并以集群或单个的方式产下，这些卵通过一种黏性物质附着在粗糙的表面上。根据天气条件，卵子需要6～17天才能孵化。若虫在成为成虫之前要经历5个阶段，并需要吸食全血才能从一个阶段进入下一个阶段。在最佳条件下，整个发育过程持续14～30天，从卵的孵化到从卵中出生的新的雌性产卵的时间通常为1～2个月。

在罗马，老普林尼（Plinio el Viejo）建议用它来治疗蛇的咬伤，在印度，它被推荐用于治疗癫痫和痔疮。身上有体毛可以降低被床虱叮咬的可能性，因为体毛增加了寄生虫接触皮肤、寻找血管的难度。

床虱
（*CIMEX LECTULARIUS*）

目： 半翅目
科： 臭虫科
食物： 鸟类和哺乳动物的血液
长度： 3.5～8毫米
寿命： 6～12个月
分布： 世界各地

外貌

床虱无翅，身体扁平，呈椭圆形，覆盖着短而细的毛。腹部与胸部融合在一起，雌性的腹部呈椭圆形且对称，而雄性的则呈细长形且不对称。

头

它们的头小而宽，通过1个几乎难以察觉的颈部与胸部相连。有1对短触角和复眼。口器为刺吸式，由4根空心管组成。

足

它们有3对细长而发达的足。

若虫

床虱的若虫类似于成虫，但体形更小、颜色更浅，几乎是半透明的。

条纹臭虫

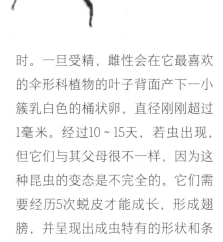

它是一种非常独特的昆虫，由于其五边形的身体和引人注目的设计及颜色，它的学名为：soma（"身体"），grapho（"色彩"），lineatum（"条纹"）。

红色和黑色的这种显眼的组合是一种警戒色；也就是说，它向潜在的捕食者发出一条视觉信息，即它不是美味的食物。这种臭虫被归入了所谓的臭气类昆虫；如果它受到打扰或感到威胁，它会通过胸部腹侧的腺体排出一种臭液，它也会用这种液体浸透它所经过的植物。

它喜欢生活在温暖、阳光充足的地区，从海平面到海拔2000米的地方，在伞形科（umbelíferas）植物中很常见，例如胡萝卜、茴香、茴芹或欧芹，它以这些植物的汁液为食。口器的形状像空心管，不使用时折叠后置于腹侧。进食时，它会伸出它的嘴刺穿植物，用其特有的口器的一条进食管吸食，而另一条进食管用来向下注射唾液；这两种液体的混合物组成了它的食物。

每年11月，由于日照减少及温度下降，成虫躲藏在干燥的植物渣上，开始冬眠并持续到来年的4月或5月。它是一种完全无害的昆虫，只是如果我们抓住它，它会在我们的手上留下难闻的气味，我们不应该将其与床虱混淆，床虱可能会通过令人讨厌的叮咬将疾病传播给人类。

繁殖

在短暂的求偶过程中，两个个体互相触摸对方的触角，然后在背上进行交配，交配可能持续几个小时。一旦受精，雌性会在它最喜欢的伞形科植物的叶子背面产下一小簇乳白色的桶状卵，直径刚刚超过1毫米。经过10~15天，若虫出现，但它们与其父母很不一样，因为这种昆虫的变态是不完全的。它们需要经历5次蜕皮才能成长，形成翅膀，并呈现出成虫特有的形状和条纹颜色。

条蝽

（GRAPHOSOMA LINEATUM）

目： 半翅目
科： 蝽科
食物： 蔬菜汁液
长度： 8~12毫米
分布： 中欧和西欧、亚洲的小亚细亚和中东

直到不久前，长条蝽（Graphosoma lineatum lineatum）和斜条蝽（Graphosoma lineatum italicum）还被认为是条蝽（G. lineatum）的两个亚种，但最近科学家们决定将它们分成两个不同的种类。

成虫

外貌

它们高度几丁质化，有一个几乎覆盖整个腹部的三角形盾片或小盾片。身体的上部有6条黑色纵纹交叉，而腹侧区域则呈斑状。头部较小，呈扁平状。

触角

它们有1对黑色触角，由5节（段）组成，有1对复眼和单眼。

足

它们的跗骨有3节，足可能是红色的（如长纹蝽）或黑色的，除了意大利蝽，其第3节胫骨是红色的。

若虫

在若虫的第1个阶段，长度约为1.5毫米，呈褐色，色素在胸部、足部和触角上特别密集。头部较小，眼睛呈红色，分布在两侧。

甲虫

　　它们组成了昆虫中最大的目，有超过35万名成员，并且每年都有新物种被发现。虽然它们的外观非常不同，但通常可以通过覆盖其大部分背部的鞘翅（第1对硬化的翅膀保护第2对膜质的、位于下方的翅膀）来识别。几乎所有的甲虫都可以飞行，但它们本质上是土壤和植被昆虫。它们的颜色变化很大，从深色和灰暗的颜色到其他鲜艳的颜色，如红色、绿色、蓝色或紫色，它们几乎在所有的环境中定居，甚至到达了常年积雪区域的边界。

　　它们有肉食性、草食性和杂食性物种（它们食用植物、真菌、霉菌和昆虫），而幼虫通常以木材为食。它们是完全变态昆虫，并经历了几个阶段，直到成为成虫。

马岛簇毛艳吉丁
Polybothris sumptuous
长度：35～38毫米
分布：马达加斯加

合欢吉丁
Chrysochroa fulminans
长度：30～40毫米
分布：泰国、菲律宾、马来西亚和巴布亚新几内亚

驼翅吉丁
Cyphogastra calepyga
长度：25～40毫米
分布：印度尼西亚

樱桃果象鼻虫
Rhynchites auratus
长度：7～9毫米
分布：欧洲

犀角金龟
Oryctes nasicornis
长度：30～45毫米
分布：欧洲、中亚和北非

龙虱
Dytiscus marginalis
长度：27～35毫米
分布：北美洲、欧洲和亚洲

赫克力士长戟大兜虫
Dynastes hercules
长度：最长170毫米
分布：中美洲和南美洲

大丽吉丁虫
Euchroma gigantea
长度：50～80毫米
分布：中美洲和南美洲

发光虫
Lampyris noctiluca
长度：25～44毫米
分布：欧洲和亚洲

镰蜣螂
Copris lunaris
长度：16～25毫米
分布：欧洲和中亚

红宝石阔花金龟
Torynorrhina flammea
长度：30～35毫米
分布：亚洲

山杨卷叶象
Byctiscus populi
长度：4～5.5毫米
分布：欧洲和亚洲

血鼻甲虫
Timarcha tenebricosa
长度：15～20毫米
分布：中欧和南欧

泰坦大天牛
Titanus giganteus
长度：最长170毫米
分布：南美洲

曲角短翅芜菁
Meloe proscarabeus
长度：10～25毫米
分布：欧洲

金花金龟
Cetonia aurata
长度：15～20毫米
分布：欧洲

金龟子
Melolontha melolontha
长度：23～30毫米
分布：欧洲和亚洲

欧洲深山锹形虫
Lucanus cervus
长度：45～80毫米
分布：欧洲和亚洲

金属木钻甲虫
Chrysochroa ocellata
长度：20毫米
分布：印度

格雷莉花金龟
Eudicella gralli
长度：25～40毫米
分布：非洲

科罗拉多马铃薯叶甲虫
Leptinotarsa decimlineata
长度：10毫米
分布：中美洲和北美洲、欧洲、亚洲
和北非

大山羊角甲虫
Cerambyx cerdo
长度：25～62毫米
分布：欧洲、亚洲和北非

花甲虫
Psilothrix viridicoerulea
长度：4.8～6.6毫米
分布：欧洲和中东

蜣螂

蜣螂，又称粪金龟，俗称屎壳郎或春甲虫，在生态平衡方面具有重要的作用，由于其以动物粪便为食，它在草地清洁和土壤肥力方面扮演着至关重要的角色；此外，通过减少粪便量，它还可以防止某些种类的苍蝇大量繁殖，起到生物害虫防治的作用。

在黄昏时及夜间活动，它不是一个熟练的飞行者，在陆地上移动也不灵活，但它能够探测到数百米外的食物来源，并毫不犹豫地扑过去。当它到达其目标——粪便时，它会撕下一部分，用它的前足（变成能够切割和压碎的小铲）使其食物成形，并准备通过向后走动来移动它。同时它会表现出惊人的韧性来克服它在道路上遇到的任何障碍，即使是某个同类小偷。它将粪便运送到地下坑道中，该坑道有时是在大量粪便下面挖掘的。坑道由一条约25厘米长的主通道及一些副通道组成，副通道被挖掘出来用作洞穴，它必须为未来的后代储满食物。并非所有贮存的粪便都会被幼虫食用：一部分粪便会成为土壤的一部分，促进腐殖质和植物可吸收的营养物质的形成。这种蜣螂会面对很多投机的捕食者，包括爬行动物、两栖动物、鸟类和哺乳动物。

繁殖

雄性和雌性合作挖掘地下通道，在那里为发育的幼虫储存食物。准备洞穴是一项艰巨的工作，因为主通道和副通道必须足够大，以储存成堆的粪便来满足贪吃的幼虫，而且还需装满食物。

交配后，雌性会在一部分粪便中的每个小粪球里产下一个卵，总共不超过20个。它的幼虫很少，因为幼虫的存活率非常高，由于粪球被掩埋，这使得捕食者很难发现并接近它们。不仅如此，蜣螂还是模范父母，它们对覆盖在卵上的粪便精心照顾，以免滋生会使其幼虫食物腐烂的真菌。出生后，幼虫将开始消耗父母为其10个月发育所储备的食物。然后，幼虫将在土壤中化蛹，并在每年3月下旬或4月初成为成体甲虫出现。

当美利奴羊（细毛绵羊品种的统称，编辑注）被引入澳大利亚时，它们的粪便破坏了牧场，人们不得不引进蜣螂来回收利用粪便以解决这个问题。

蜣螂
（*TRYPOCOPRIS VERNALIS*）
目：鞘翅目
科：粪金龟科
食物：粪便
长度：12～20毫米
寿命：1年
分布：欧洲和小亚细亚

外貌

　　蜣螂呈现出五彩斑斓，根据太阳光线的入射角度，可呈绿色、蓝色和紫色的光泽。它的外观呈凸状，宽度几乎和长度一样。前胸背板与鞘翅的宽度相同。

足

　　它们的足粗壮且多毛，以便能够建造通道，以及处理、塑形和掩埋粪便。

触角

　　它们的触角短小但非常有力，有时呈橙色。触角的末端有嗅觉感受器，这就是为什么它在寻找食物时不停地晃动触角。

瓢虫

瓢虫类昆虫由黄七星瓢虫、瓢虫或七星瓢虫组成；它们无疑是最受人们欢迎的甲虫；我们将它们与好运联系在一起，它们已成为童话故事的主角，是健康和爱情的象征。最广为人知的是红色带黑点的瓢虫，实际上它们的颜色非常多样化，甚至在同一物种中也是如此，它们的图案也各不相同。大多数瓢虫以软体动物为食，如蚜虫和鼠妇，但也有些物种专门食用真菌，如霉菌、白粉菌和锈菌，因此它们深受农民和园丁的喜爱，甚至被养殖，用于交易和被引入其他国家。然而，并非所有物种都对人类有益，因为少数物种是食草动物，属于食植瓢虫科（*Epilachninae*），它们可能成为农作物害虫。这些节肢动物已经发展出一些应对不利条件的生存策略：当温度下降过多时，进行冬眠；一些物种会在夏季迁移到环境更好或食物更丰富的地方，为此它们可以长途跋涉，有时会成群结队。

二十二星菌瓢虫
Psyllobora vigintiduopunctata
长度：3～4毫米
分布：欧洲

七星瓢虫
Coccinella septempunctata
长度：5～8毫米
分布：欧洲、亚洲和北美洲

菱斑巧瓢虫
Oenopia conglobata
长度：6～8毫米
分布：欧洲、亚洲和非洲

多异瓢虫
Hippodamia variegata
长度：3～6.5毫米
分布：欧洲、非洲、亚洲、北美洲、南美洲的智利和大洋洲的澳大利亚

二星瓢虫
Adalia bipunctata
长度：3.5～5.5毫米
分布：欧洲、北美洲和大洋洲的新西兰

移栖瓢虫（长足瓢虫属，编辑注）
Hippodamia undecimnotata
长度：5～7毫米
分布：欧洲

十二斑褐菌瓢虫
Vibidia duodecimguttata
长度：3～5毫米
分布：欧洲和亚洲部分地区

瓜形瓢虫
（裂臀瓢虫属，编辑注）
Henosepilachna argus
长度：6～8毫米
分布：欧洲

其他物种

高山瓢虫
Ceratomegilla alpina
长度：3～4.5毫米
分布：欧洲

环斑弯叶毛瓢虫
Nephus bipunctatus
长度：1～3毫米
分布：中欧和东欧

十星裸瓢虫
Calvia decemguttata
长度：4.5～7毫米
分布：欧洲和亚洲部分地区

十一星瓢虫
Coccinella undecimpunctata
长度：3.5～6.5毫米
分布：欧洲、亚洲和北美洲

方斑瓢虫
Propylea quatuordecimpunctata
长度：4~5毫米
分布：欧洲、北非、亚洲和
北美洲部分地区

十四星裸瓢虫
Calvia quatuordecimguttata
长度：4~6毫米
分布：北美洲、欧洲、北非和
亚洲

长斑中齿瓢虫
Myzia oblongoguttata
长度：6~8.5毫米
分布：欧洲、北非和亚洲

四斑瓢虫
Harmonia quadripunctata
长度：5~7.5毫米
分布：欧洲、北非和中东

十六斑瓢虫
Tytthaspis sedecimpunctata
长度：2.5~3.5毫米
分布：欧洲、北非和亚洲

红背粗眼瓢虫
Coccidula rufa
长度：3~4毫米
分布：欧洲、北非和亚洲

灰眼斑瓢虫
Anatis ocellata
长度：7~9毫米
分布：欧洲和亚洲

阳光橙色瓢虫
Rhyzobius litura
长度：3~4毫米
分布：西欧

苜蓿瓢虫
Subcoccinella vigintiquatuorpunctata
长度：3~4毫米
分布：欧洲、北非和亚洲部分
地区；被引入北美洲

双七星瓢虫
Coccinula quatuordecimpustulata
长度：3~4毫米
分布：欧洲

四斑光瓢虫
Exochomus quadripustulatus
长度：3~5毫米
分布：欧洲、亚洲
北部和北美洲

三角瓢虫
Scymnus interruptus
长度：1.5~2.5毫米
分布：中欧

孟氏隐唇瓢虫
Cryptolaemus montrouzieri
长度：3~4毫米
分布：大洋洲的澳大利亚和
亚洲；被引入美国

十三星瓢虫
Hippodamia tredecimpunctata
长度：5~7毫米
分布：欧洲、北非、亚洲
和北美洲

七星瓢虫

七星瓢虫是北半球颜色最鲜艳、最有吸引力，以及最常见的甲虫之一。它的名字是指代表其特点的7个黑点，每一鞘翅上各有3个，两个鞘翅中央有1个。

这种引人注目的带有黑色斑点的红色让我们觉得很有吸引力，实际上它和自然界中的所有东西一样，有一种功能：警示潜在的捕食者它含有一种散发难闻气味或有毒的物质。在遇到危险时，它的第一选择是装死，但如果这不起作用，它会分泌出一种黄色的液体来驱赶蚂蚁，但这种液体对鸟类的影响不是很大。

该物种原产于欧洲，被引入北美洲和亚洲以防治害虫，由于它对不同气候的适应性和对农作物有害的昆虫的高贪食性（包括幼虫和成虫）使其成为生物防治的理想动物。这些昆虫甚至为此目的而被饲养和销售。1个个体在1天内可以吃掉50只蚜虫，而1只幼虫在整个发育过程中可以吃掉3000多只鼠妇。

如果猎物短缺，成虫也不会迁徙，因为它们可以通过食用花蜜和花粉长期生存。它们在最寒冷的几个月里冬眠，数百只聚集在庇护所里，只为每年在3月或4月蚜虫大量出现时恢复活动。

繁殖

当它们结束了长时间的美梦并饱餐一顿后，就会开始寻找伴侣，这个过程并不复杂，因为雌性会分泌一种信息素或气味，向雄性表明它们的位置和状态。当它们相遇时，雄性会紧紧抱住它的伴侣，这种状态可能持续1个多小时。之后，雌性可以将精子储存数月，然后在树叶的背面产下约400个黄色的卵，在那里刚刚孵化的幼虫可以有充足的食物。这些幼虫非常贪吃，它们会毫不犹豫地吃掉尚未孵化的其兄弟姐妹。

幼虫呈黑色，有细长且高度分节的外骨骼，与成虫完全不同。在经历3次蜕皮后，它们会进入蛹的阶段：它们附着在树叶或茎上，在那里保持不动，同时进行完全变态发育。3~12天后，成年甲虫出现，甲壳仍然柔软，颜色暗淡，几个小时后，甲壳会硬化，变成鲜红色。每年会有两代瓢虫诞生。

非常普遍，世界上约有5000种七星瓢虫。

七星瓢虫
（*COCCINELLA SEPTEMPUNCTATA*）

目：鞘翅目
科：瓢虫科
食物：蚜虫、鼠妇、螨虫和小毛虫
长度：5~8毫米
分布：欧洲、北美洲和北亚及中亚大部分地区

外貌

    七星瓢虫身体宽大，呈卵圆形、凸状。头部非常小，呈黑色，两侧各有两个白点；在头部与鞘翅（硬化的翅膀）之间是前胸背板（胸部的一部分），也是黑色的，前胸背板前部还有另外两个白点。

翅膀

    它们的鞘翅呈红色，有7个特有的黑点，该物种也因此而得名，尽管翅膀比鞘翅更长，但休息时翅膀则保持纵向和横向折叠在鞘翅下方。它可以去往超过50千米的地方，并到达约2000米的高度。

足

    它们的前足保持方向，而后足在伸展时为其移动提供必要的推力。此外，它始终保持3节肢体贴近地面，而其他3节则准备迈出下一步。

昼行蝴蝶（蝴蝶）

　　它是最令人惊艳的昆虫之一，既因为它的美丽和绚烂，也因为它通过变态发育所经历的蜕变，变态发育也是重生的象征。昼行蝴蝶（蝴蝶）与夜行蝴蝶（飞蛾）一样都属于鳞翅目，它们生活在除南极洲以外的世界各地。它们所展现的色彩总是让人着迷，所以备受收藏家的追捧。它们的两对膜质翅膀上覆盖着一排排重叠的微小鳞片，其颜色有两个来源：普通颜色或色素，来自黑色素等物质；结构色，由衍射或折射等光学效应产生的颜色。这些颜色在昆虫中有一定的作用，因为其有助于蝴蝶伪装或阻止捕食者，并且由于它们具有防水能力，除被用于清洁外，还被用于体温调节和求偶。它们的口器，或称螺旋体口器，由一条长长的舌头组成，当蝴蝶静止时舌头盘成螺旋状并伸出来以吸食花蜜；它们还能够摄取树液、腐烂的水果或鸟粪。

柳紫闪蛱蝶
Apatura ilia
长度：50～65毫米
分布：欧洲和亚洲

黑框蓝闪蝶
Morpho peleides
长度：125～200毫米
分布：中美洲

月神闪蝶
Morpho cisseis
长度：147～180毫米
分布：厄瓜多尔、玻利维亚、巴西、哥伦比亚和秘鲁

黑脉金斑蝶
Danaus plexippus
长度：89～102毫米
分布：美洲和大洋洲的澳大利亚

丝绒翠凤蝶
Papilio Crino
长度：100～116毫米
分布：亚洲

大螯豹凤蝶
Papilio homerus
长度：130～150毫米
分布：牙买加

北美眼蛱蝶
Junonia coenia
长度：50～64毫米
分布：中美洲和北美洲

斯里兰卡曙凤蝶
Pachliopta jophon
长度：110～120毫米
分布：亚洲和大洋洲的澳大利亚

多尾凤蝶
Bhutanitis lidderdalii
长度：90～110毫米
分布：亚洲

宽纹黑脉绡蝶
Greta oto
长度：56～61毫米
分布：中美洲和南美洲

紫闪蛱蝶
Apatura iris
长度：55～65毫米
分布：欧洲和亚洲

问号蛱蝶
Polygonia interrogationis
长度：45～76毫米
分布：中美洲和北美洲

阿波罗绢蝶
Parnassius apollo
长度：65～75毫米
分布：欧洲和亚洲

金斑蝶
Danaus chrysippus
长度：75～90毫米
分布：北非、南欧、亚洲部分地区和
大洋洲的澳大利亚

金凤蝶
Papilio Machaon
长度：50～100毫米
分布：欧洲东南地区、北非和亚洲

欧洲杏凤蝶
Iphiclides podalirius
长度：50～70毫米
分布：欧洲、北非和亚洲

拴毒蝶
Heliconius sara
长度：58～68毫米
分布：中美洲和南美洲

欧洲粉蝶
Pieris brassicae
长度：50～65毫米
分布：欧洲、北非和亚洲

红襟粉蝶
Anthocharis cardamines
长度：35 ~ 45毫米
分布：欧洲和亚洲

白钩蛱蝶
Polygonia c-album
长度：40 ~ 45毫米
分布：欧洲、北非和亚洲

黄缘蛱蝶
Nymphalis antiopa
长度：55 ~ 75毫米
分布：欧洲、亚洲和北美洲

孔雀蛱蝶
Inachis io
长度：50 ~ 60毫米
分布：欧洲和亚洲

小红蛱蝶
Vanessa cardui
长度：50 ~ 80毫米
分布：除南极洲外的所有大陆

荨麻蛱蝶
Aglais urticae
长度：40 ~ 50毫米
分布：欧洲和亚洲

蓝闪蝶

　　它也被称为帝王蝶，因为法兰西第一帝国皇后约瑟芬·波拿巴（Josefina Bonaparte）作为生物考察的赞助人，收到了自美洲而来的礼物——由这种美丽的昆虫制作而成的标本。

　　它因巨大的体形和绚丽的颜色脱颖而出，尽管它并不是我们真正看到的那样：它的色素是棕色的，但由于其鳞片的排列和光线在其身上的反射，我们看到它的翅膀反面呈明亮的蓝色。这些条纹在翅膀的下部是不存在的，翅膀的底部是棕色的，带有神秘的图案。这是一种有效的防御方法，因为当它扇动翅膀时，会给人一种忽然出现和消失的错觉，从而迷惑它的捕食者。

　　它大部分时间都栖息在林地上，但在寻找伴侣时，它会放弃独居生活，在树梢上空飞行。除此之外，它的领地性很强，雄性会通过追击入侵者来保卫自己的领域。蓝闪蝶还经常组成一个由许多个体组成的群体，一个挨一个地紧紧靠在一起，以阻挡捕食者的潜在攻击。

　　这种蝴蝶对授粉没有贡献，因为它的食物以发酵水果的花蜜（也许这就是它飞行缓慢且不稳定的原因）和树液为主。由于森林砍伐和收藏家收集其作为商品，它正受到严重威胁；大量的活体标本在蛹的阶段被出口到其他国家，在蝴蝶园中展示。

繁殖

　　在求偶过程中，它们并排飞行或以之字形飞行，通常是雄性追逐雌性，当雌性准备好交配时，会降落在地面上，两者交配的时间，从几小时到几天不等，它们通常在植被上休息。一旦卵子受精，雌性就会将它们一个一个地产在寄主植物上（新孵化的毛虫将以此为食）。

　　幼虫需经历几个阶段的发育，最后一个阶段被包裹在浅绿色的椭圆形蛹中15～30天，在成虫出现之前，蛹将会变成透明的。变态发育后，新的蝴蝶需要一段时间才能使其翅膀变硬，才可以飞翔，在这个过程中它是非常脆弱的。成虫可以存活约1个月。

黑框蓝闪蝶
（*MORPHO PELEIDES*）

目：鳞翅目

科：蛱蝶科

食物：

　　幼虫以豆科植物的叶子为食

　　成虫以腐烂的水果、树液为食

长度：翼展127～155毫米

寿命：存活115～218天

分布：中美洲

当这种蝴蝶在蛹内时，如果被触摸到，它会发出超声波吓跑捕食者。

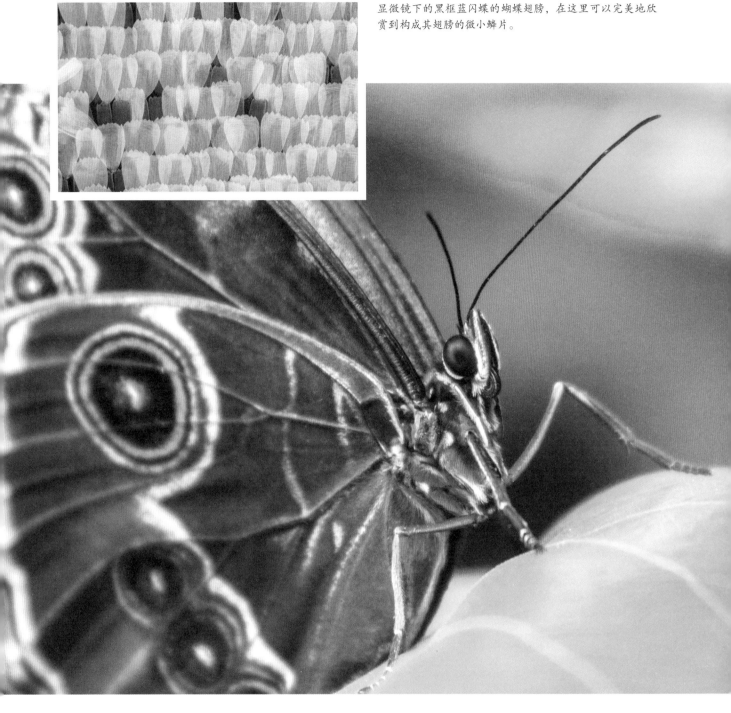

显微镜下的黑框蓝闪蝶的蝴蝶翅膀，在这里可以完美地欣赏到构成其翅膀的微小鳞片。

成虫

外貌

蓝闪蝶有两对翅膀，翅膀上部呈彩虹蓝色，边缘有黑色边框和小白点。下部呈棕色，有斑点（圆形眼球状的图案），其作用是恐吓潜在的捕食者。

头

它们有两只复眼和1对作为感觉器官的锤状触角。口由1个称为螺旋体口器的吸吮器官组成，不使用时保持螺旋状。

胸部和腹部

身体呈黑色，与翅膀相比，较小。从胸部长出3对足和2对翅膀。腹部呈圆柱形，柔软且更灵活。

足

两只前足经过进化，长度缩小，给人一种它们只有4只足的感觉。足起到味觉化学感受器的作用。

幼虫

它们有单眼和坚硬的下颚，其底部有1对触角。3对真足从胸节段长出。背部呈暗红色，有2个黄色的椭圆形斑点和类似于梳齿的白色和红色的羽状刺毛。过段时间后，身体会变成橙色，毛变黑。

孔雀蛱蝶

许多人认为它是世界上最美丽的蝴蝶，早在1634年，法国和英国国王的医生西奥多·蒂尔凯·德·迈耶尔爵士（Sir Théodore Turquet de Mayerne）就写道：孔雀翅膀上的"眼睛""像星星一样闪耀，闪烁着彩虹色的亮光"。

这些"眼睛"是在红色背景上的4只彩色大单眼，第一眼看上去就能辨认出来；然而，在它的翅膀下部，颜色几乎是黑色的，这是一种双重防御方法：一方面，当它休息时，翅膀垂直，会与周围的环境融为一体而不易被发现，如果这不足以躲避敌人，它会张开翅膀，露出圆形的斑点，类似于大眼睛，使捕食者迷惑片刻，蝴蝶就会利用这个机会逃跑。每年2～9月，人们可以发现它几乎吸食所有花的花蜜，并且会在特定时间根据植物种类的丰富程度改变其饮食。深秋时节，它会寻找一个黑暗的庇护所（树干、岩洞或建筑物的缝隙），在那里它将冬眠，直到温度升高。

繁殖

当一只雌性经过雄性的领地时，它会立即被发现并被追赶很长一段时间，在此期间，雌性会测试追求者的飞行能力。一旦雄性通过测试，雌性就会降落在地面上并等待交配。不久之后，雌性在田间徘徊，最好是异株荨麻（Urtica dioica）地，它们会在荨麻的叶子下产下约200个卵，堆积成一个多层土堆。当这些卵孵化时（大约两周后），幼虫会编织一张丝网，并在第一阶段生活在里面，在此阶段它们非常喜欢群居。每次蜕皮后，当它们移动到附近的植物时，它们会分成越来越小的群体。幼虫非常贪吃，荨麻中的甲酸会进入它们的循环系统，其味道发生变化，对捕食者吸引力因此降低。当它们到达最后一个阶段（蜕皮期间）时，幼虫准备在淡绿色的蛹中发育，蛹挂在树枝或茎上。大约一两周后，成虫将从蛹中出来。它们将在夏季进食并为冬眠做好准备，冬眠后才会繁殖，从次年的2月或3月开始。至少90%的幼虫会受到寄生蝇的攻击并被它们杀死。

它们通过摩擦前翅和后翅上的翅脉发出嘶嘶声，当这些蝴蝶进入它们居住的洞穴或树干中栖息或冬眠时，会用这种方式来防御蝙蝠。

孔雀蛱蝶
（AGLAIS IO）

目： 鳞翅目
科： 蛱蝶科
食物：
　　幼虫以荨麻叶、啤酒花和黑莓为食
　　成虫以花蜜为食
长度： 翼展50～60毫米
寿命： 将近1年
分布： 欧洲和亚洲

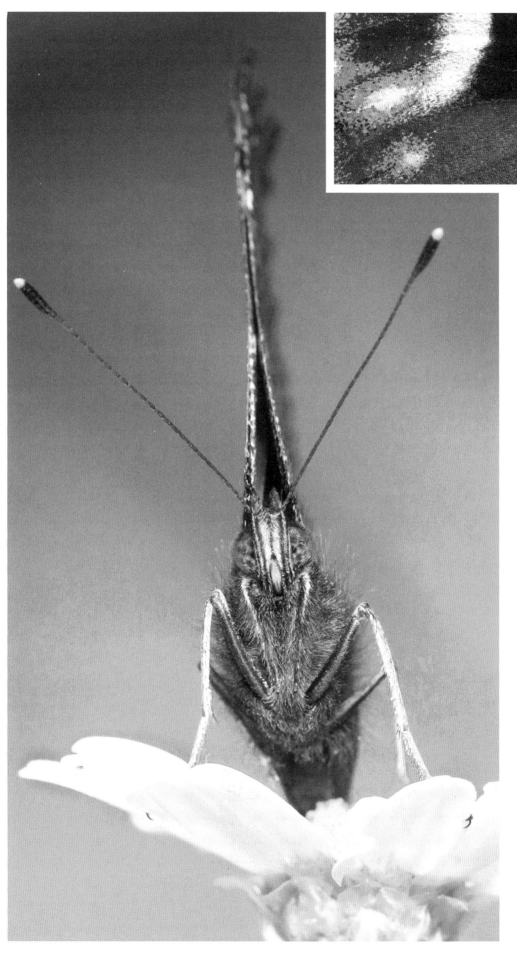

孔雀蛱蝶（*Aglais io*）
翅膀的微距视图。

成虫

外貌

背面呈红褐色，
每只翅膀的外缘都有
由蓝色、黄色、红色
和黑色环组成的眼状
斑点（因此而得名孔
雀）。腹部呈黑褐色，
带有淡淡的浅色条纹。

头

头部有两根棒状
触角，1对复眼，口器
进化成螺旋体。

足

前足有毛，不能
行走，因为它们被缩
短以变成清洁工具
（如刷子）。

幼虫

外貌

幼虫最初呈青白
色，有一个巨大的头
部，然后一点点均匀
地变化，变成黑色。
每节上有白色的小点，
还有像刺一样的但不
致痒的羽状毛。

夜行蝴蝶（蛾）

　　它们是地球上数量最多的鳞翅目动物，通常被称为飞蛾，这一名称是那些以纺织纤维或储存的食物为食的昆虫所特有的。一般来说，它们与真正蝴蝶的夜行习性不同，因为它们更粗壮，颜色呈褐色，没有棒状触角，翅膀在身体两侧伸展。但这一特征也有许多例外，因为有些飞蛾颜色显眼，有些具有棒状触角或将翅膀折叠在身体上，还有一些则在白天飞行。它们的大部分幼虫破坏性地以植物为食，因此许多都变成了害虫，这些害虫可能是森林害虫，如松异舟蛾（*Thaumetopoea pityocampa*）；可能是农作物害虫，如马铃薯块茎蛾（*Tecia solanivora*）；或者是居家害虫，如前面提到的衣蛾（*Tineola bisselliella*）。然而，像所有的鳞翅目昆虫一样，它们是环境健康的重要生物指标，在某些情况下，它们还是传粉者。此外，我们已经掌握如何利用这些昆虫，如获取家蚕（*Bombyx mori*）的丝，或者食用它们的幼虫，因为龙舌兰蝴蝶（*Acentrocneme hesperiaris*）幼虫和夜蛾幼虫（*Hypopta agavis*）在墨西哥等国家的文化中有很高的食用价值。

月形天蚕蛾
Actias luna
长度：115毫米
分布：北美洲

皇家胡桃蛾
Citheronia regalis
长度：155毫米
分布：北美洲

九斑点蛾
Amata phegea
长度：40毫米
分布：欧洲

大孔雀蛾
Saturnia pyri
长度：140毫米
分布：欧洲

舞毒蛾
Lymantria dispar
长度：60毫米
分布：欧洲、非洲、亚洲和美洲

赫带鬼脸天蛾
Acherontia atropos
长度：110毫米
分布：非洲、欧洲和亚洲部分地区

皇蛾
Attacus atlas
长度：300毫米
分布：北美洲

蜂鸟鹰蛾
Macroglossum stellatarum
长度：45毫米
分布：欧洲、北非和亚洲

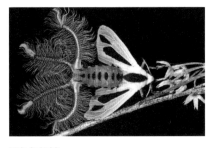

黑条灰灯蛾
Creatonotos gangis
长度：40毫米
分布：东南亚和大洋洲的澳大利亚

桦尺蛾
Biston betularia
长度：60毫米
分布：欧洲、亚洲和北美洲

刻克罗普斯蚕蛾
Hyalophora cecropia
长度：160毫米
分布：北美洲

丁目大蚕蛾
Aglia tau
长度：65毫米
分布：欧洲和亚洲部分地区

大戟鹰蛾
Hyles euphorbiae
长度：37毫米
分布：欧洲和亚洲，被引入北美洲

家蚕
Bombyx mori
长度：40毫米
分布：亚洲和欧洲的俄罗斯

西班牙月蛾
Graellsia isabellae
长度：90毫米
分布：西班牙和法国部分地区

强喙夜蛾
Thysania agrippina
长度：300毫米
分布：中美洲

赫丘利斯蛾
Coscinocera hercules
长度：270毫米
分布：澳大利亚和新几内亚

小皇帝蛾
Saturnia pavonia
长度：70毫米
分布：欧洲

红天蛾
Deilephila elpenor
长度：65毫米
分布：欧洲和亚洲

松异舟蛾
Thaumetopoea pityocampa
长度：49毫米
分布：欧洲、北非和亚洲部分地区

大双尾天社蛾
Cerura erminea
长度：38毫米
分布：欧洲

衣蛾
Tineola bisselliella
长度：13毫米
分布：世界各地

蜂鸟鹰蛾

乍一看，它可能看起来像一只大黄蜂或蜂鸟，因为它的飞行方式很特别，而且发出嗡嗡声。然而，它是一种蝴蝶，尽管没有因其鲜艳的颜色而脱颖而出，但它也有一些独特之处，使其成了最有趣的鳞翅目昆虫之一。

虽然它被归类为属于天蛾科（*Sphingidae*）的夜行蝴蝶，但它实际上有昼行习性，在正午时间最活跃。它表现出惊人的飞行控制能力，以72~85次/秒的速度挥动翅膀（人眼无法察觉）。这有利于它的机动性，它不需要栖息在花朵上，而是保持盘旋在空中，伸展舌头来吸食花蜜。

由于其飞行方式需要消耗大量的能量，蜂鸟鹰蛾几乎不间断地进食，甚至在交配期间它也可以继续吸食。这些蝴蝶偏爱鼠尾草（*Salvia*）、迷迭香（*Rosmarinus*）、肥皂草（*Saponaria*）、水飞蓟（*Silybum*）和蓝蓟（*Echium*）的花朵。

另一件有趣的事是蜂鸟鹰蛾可以冬眠和迁移。虽然它们中的大多数都无法越冬，但在地中海地区有一些常驻种群，它们在寒冷的月份会躲在岩石、树木或建筑物的缝隙中，进入半冬眠状态，能够在之后温暖的几天内从冬眠中醒来觅食。然而，也有一些物种决定在夏季迁移到中欧和斯堪的纳维亚半岛，或在冬季迁移到北非。

繁殖

这些蝴蝶即使在求偶时也很活泼，在求偶期间，它们会快速地在对方身边飞舞，1年可以繁殖两三次。交配后，雌性会在寄主植物上一粒一粒地产下约200个卵，这些植物将作为未来幼虫的食物。这些卵需要8天才能孵化，并孵化成浅绿色的幼虫，随着它们的成长，颜色会加深，同时会长出黄色的横向条纹。所有的飞蛾物种的一大特征是在幼虫身体的背面有一个角状的附肢。

在天气好的时候，幼虫阶段的持续时间可以短至20天。之后幼虫开始变态发育，可以在它们食用的植物上或土壤中找到蛹。几天后，成虫就形成了。

这种飞蛾和蜂鸟在身体上，以及生理和新陈代谢方面都很相似，所以这是一个趋同进化（相互没有密切关系的生物由于具有相似的生活方式而演化出相似性）的例子。

蜂鸟鹰蛾
（*MACROGLOSSUM STELLATARUM*）

目： 鳞翅目
科： 天蛾科
食物：
毛虫以繁缕属、茜草属和拉拉藤属植物为食
成虫以花蜜为食
长度： 翼展40~45毫米
寿命： 4个月
分布： 欧洲、北非和中亚、亚洲的印度和中南半岛

外貌

蜂鸟鹰蛾呈灰色，腹部末端有黑白条纹，腹部有鳞片，使其看起来像鸟的尾巴，并在其时速高达50千米/小时的飞行中充当方向舵。

翅膀

前翅窄而尖，呈褐色，有黑色花纹；后翅较小，位于前翅下后方，呈橙色。利用被覆盖的后翅，它们伪装自己，与周围的环境融为一体。

眼睛

它们有巨大的、进化发育良好的眼睛；视觉对这些蝴蝶非常重要。有两根变粗的触角，触角末端是一个短钩。

口器

它们巨大的舌头和其身体一样长，被给予学名长喙天蛾属（Macroglossum，来自希腊语makros，"大"和glossa，"舌头"）。这个巨大的舌头使它能够在飞行时进食。

刻克罗普斯蚕蛾

我们通常认为夜行蝴蝶是昼行蝴蝶的丑陋而有害的姐妹，但事实并非总是如此，正如北美洲最大的飞蛾——刻克罗普斯蚕蛾所证明的那样。

类似于眼睛的斑点会吓跑潜在的捕食者。

它的颜色非常漂亮，有橙色、白色、灰色、黑色和蓝色图案。它成年后的寿命很短，甚至不进食，但它不会让有幸看到它的人无动于衷。人们通常会被它折射的光所吸引，这在夜行性昆虫中很常见。这种行为的原因尚不清楚，但人们认为它们是利用月光作为导航工具，由月光的光度和角度引导；它们会将灯光与月光混淆，所以经常绕着灯泡转圈飞，以保持一条恒定轨迹。

这种鲜艳的昆虫主要以落叶树为食，特别是果树，但它不被认为是一种严重的害虫，因为它有许多天敌，如鸟类、松鼠或浣熊。然而，它最大的敌人反而是最小的动物，它尤其被一种苍蝇——寄蝇（Compsilura concinnata）寄生，寄蝇的幼虫在这些毛虫体内发育，并最终杀死宿主。

繁殖

在刚成为成虫后的几天里，这些蚕蛾唯一的目标就是繁殖，这就是为什么雄性可以飞到约10千米以外的地方寻找伴侣。雌性在黎明前发出不可抗拒的信息素，雄性通过其羽毛状触角感知这些信息素，这对伴侣就会交配一整天。

一旦受精，雌性将会仔细地以小组的形式依次在寄主植物的叶子上产下200多个卵（以避免幼虫的竞争）。不久之后，母亲死亡，而雄性将再次尝试繁殖。卵会在一两周内孵化，极度贪吃的幼虫有蚊子大小，呈黑色，但随着它们的生长会变成绿色。它们会经历5次蜕皮，并在夏末开始织茧，这是一个附着在嫩枝上的灰褐色小囊，它们将在那里越冬。

在成为有翅膀的成虫的第1天，它们会爬到一个可以休息的地方，同时将血淋巴注入它们的翅膀，以达到伸展翅膀的目的，直到翅膀变得足够硬到可以飞行。1年繁衍一代。

雄性的羽毛状触角表明两性异形。

红白相间的身体饰有美丽的条纹和圆点。

刻克罗普斯蚕蛾
（HYALOPHORA CECROPIA）

目： 鳞翅目

科： 天蚕蛾科

食物：

毛虫以枫树、李树、苹果树、桤木、桦树和柳树的叶子为食

成虫不进食

长度： 翼展110～160毫米

寿命： 1年

分布： 北美洲

成虫

外貌

刻克罗普斯蚕蛾的翅膀呈橙色、灰色或褐色，有红色、白色和黑色条纹，饰有新月形和斑点，用于威慑。身体有毛，前部是红色的，后部是白色的。

头

它们有两只适应夜视的复眼和1对短触角，雄性的触角为羽毛状，雌性的触角更细，没有口。

胸部和腹部

它们有3对毛茸茸的橙色足和两对翅膀，从胸部长出。雌性的腹部更大更圆，因为装满了卵子。

幼虫

幼虫的长度最长可达100毫米。最初呈黑色，然后是带有隆起的绿色（胸部的隆起是橙色的，腹部的是黄色的，侧面的是蓝色的）。

皇蛾

当看到它在飞行时，它可能看起来更像一只鸟而不是蝴蝶，因为它是世界上最大的蝴蝶，尽管其他蝴蝶的翼展可能与它相同，但其400立方厘米的翅膀体积是无与伦比的。

由于其体形和体重（雄性为25克，雌性为28克），它在空中保持盘旋状态很不容易，所以它通常会利用风进行滑翔。它是夜行性动物，生活在东南亚的热带和亚热带森林中，其不规则的形状和装饰的图案颜色，使它在植被中不易被发现。

它不能进食，因为它的口还没有完全成形，在它短暂的成年期（1周），它消耗在幼虫阶段积累的储备。它的翅膀需要大量的能量才能挥动，所以它会在白天休息，晚上出去寻找伴侣。它的学名——阿特拉斯（Atlas）的由来还不是很清楚，但有人猜测它可能是指希腊神话中的泰坦，被罚用双肩支撑苍天，或者可能是因为它的翅膀图案与地图相似。在中国粤语中，它被称为"蛇头蛾"，因为它的翼尖很像眼镜蛇的头部，当它感到受到威胁时，会扇动翅膀倒在地上，类似于蛇处于防御状态的姿势，从而吓跑捕食者。幼虫也有它们自己的威慑策略，因为它们会分泌一种带有强烈气味的分泌物，这种分泌物的释放可以长达50厘米的距离。

繁殖

从蛹中出来后不久，雌性就会释放信息素，雄性的羽状触角可以在1千米以外的地方探测到这种信息素。一旦受精，雌性会在寄主植物（这种寄主植物将作为幼虫的食物）的叶子背面产下200~300个卵，在这里这些卵会在两周内孵化。刚孵化的幼虫会狼吞虎咽地进食，因为成体或成虫的生存有赖于幼虫的储备。在一个半月的时间里，它们会变胖并长到约10厘米，这时它们就准备好变态了；它们会编织一个丝茧，在里面停留大约4周，直到变成有翅膀的成虫准备好破蛹而出。一旦到了外面，有翅膀的成虫将需要几个小时将血淋巴注入它们的大翅膀，直到翅膀完全运动起来。

在印度北部，这种蝴蝶是出于非商业目的而饲养的，是为了利用幼虫生产的丝，这种丝呈棕色，非常结实。它的大蚕茧在中国台湾也被用来制作钱包。

皇蛾

（ATTACUS ATLAS）

目: 鳞翅目

科: 天蚕蛾科

食物:

毛虫以叶子，主要是柑橘、肉桂、杧果、番石榴、臭椿、红毛丹等的叶子为食

成虫不进食

长度: 翼展250~300毫米

寿命: 约3个月

分布: 北美洲

成虫

外貌

皇蛾的翅膀的上部呈红褐色，有黑色、白色、粉红色和紫色的条纹图案，以及以黑色为边的半透明的三角形"窗口"。下部更加不透明。

胸部和腹部

它们身体有毛，呈亮橙色，与其翅膀相比非常小。它们的翅膀及3对足都从胸部长出。腹部有横向白色条纹穿过。

两性异形

雌性更大更强壮，有更大的翅膀"窗口"。它们的触角很细，而雄性有羽毛状的触角。

幼虫

这种蝴蝶的幼虫会随着蜕皮而改变其颜色：灰色、白色，最后变成绿色，背部长有白色的角刺，后足上有橙色和蓝色的斑点。

苍蝇和蚊子

除水下生态系统外，双翅目几乎存在于世界上所有的生态系统中，最常见的是苍蝇和蚊子，这些昆虫往往让我们感到不愉快，甚至令人讨厌。然而，在16万多个已知物种中，只有10%的物种对人类有害，因为它们可以传播严重的疾病及造成农作物的重大损失。其余的物种在生态系统中是必不可少的，因为它们充当传粉者，是害虫的捕食者和寄生虫，或者它们有助于营养物质的分解和循环利用。有些物种，如黑腹果蝇（*Drosophila melanogaster*），它们作为模式生物（**用于科学研究以揭示某种生命现象的生物物种，编辑注**），被用于癌症或药物依赖的研究；有些物种与尸体分解相关，对法医验尸起着关键作用。关于它们的结构，这类昆虫的特点是只有1对翅膀，因为第2对翅膀已经变成了两个被称为平衡棒的器官，这两个器官使它们具有稳定性（就像风筝的尾巴一样），并使它们能够盘旋、360°旋转、倒飞甚至倒立。有些科的物种会将自己"伪装"成蜜蜂或黄蜂，以使捕食者相信它们有螯针，从而威慑捕食者。

醋蝇（黑腹果蝇）
Drosophila melanogaster
长度：3 ~ 4毫米
分布：世界各地

叉叶绿蝇
Lucilia caesar
长度：7 ~ 11毫米
分布：欧洲至西伯利亚

蓝蝇（红头丽蝇）
Calliphora vicina
长度：5 ~ 12毫米
分布：世界各地

家蝇
Musca domestica
长度：7 ~ 9毫米
分布：世界各地

牛虻
Tabanus bovinus
长度：19 ~ 24毫米
分布：欧洲、北非和亚洲

鹿羊虱蝇
Lipoptena cervi
长度：3 ~ 6毫米
分布：欧洲、北非和亚洲；被引入美国

肉蝇
Sarcophaga carnaria
长度：9 ~ 15毫米
分布：欧洲和亚洲部分地区

黄粪蝇
Scathophaga stercoraria
长度：5 ~ 11毫米
分布：欧洲、亚洲和北美洲

黄腿食蚜蝇
Syrphus ribesii
长度：9 ~ 11毫米
分布：欧洲、亚洲、中美洲和北美洲

大蜂虻
Bombylius major
长度：8 ~ 13毫米
分布：欧洲、北美洲和亚洲部分地区

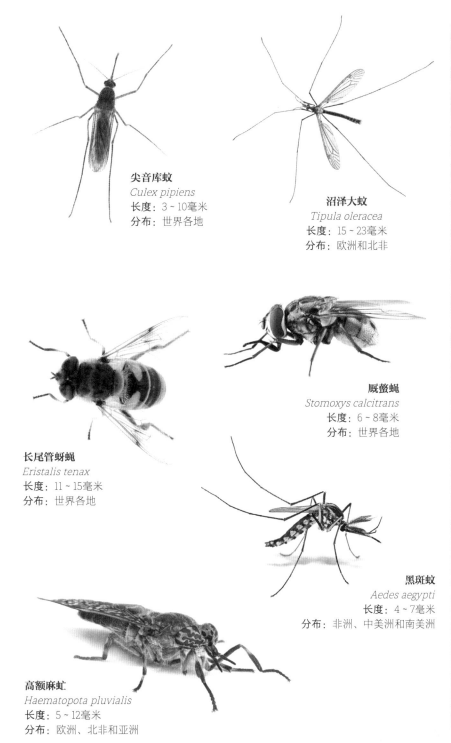

尖音库蚊
Culex pipiens
长度：3 ~ 10毫米
分布：世界各地

沼泽大蚊
Tipula oleracea
长度：15 ~ 23毫米
分布：欧洲和北非

厩螫蝇
Stomoxys calcitrans
长度：6 ~ 8毫米
分布：世界各地

长尾管蚜蝇
Eristalis tenax
长度：11 ~ 15毫米
分布：世界各地

黑斑蚊
Aedes aegypti
长度：4 ~ 7毫米
分布：非洲、中美洲和南美洲

高额麻虻
Haematopota pluvialis
长度：5 ~ 12毫米
分布：欧洲、北非和亚洲

其他物种

须舌蝇
Glossina palpalis
长度：6 ~ 15毫米
分布：非洲

酪蝇
Piophila casei
长度：3 ~ 4.5毫米
分布：世界各地

牛蝇
Hypoderma bovis
长度：11 ~ 14毫米
分布：北美洲、欧洲、北非和亚洲

黑马蝇
Scaptia lata
长度：15.5 ~ 19毫米
分布：智利南部和阿根廷

小型蜂虻
Bombylius minor
长度：5 ~ 8.5毫米
分布：欧洲、北非和亚洲部分地区

疣肿罗蛉
Lutzomyia verrucarum
长度：3毫米
分布：美洲

美洲大蚊
Psorophora ciliata
长度：13 ~ 25毫米
分布：美洲

南方家蚊
Culex quinquefasciatus
长度：3.8 ~ 4.2毫米
分布：美洲、非洲、亚洲、大洋洲的澳大利亚和新西兰

反吐丽蝇
Calliphoria vomitoria
长度：10 ~ 13毫米
分布：欧洲、北美洲（从阿拉斯加到墨西哥）和南非

小家蝇（夏厕蝇）
Fannia canicularis
长度：4 ~ 6毫米
分布：世界各地

虎蝇（白纹伊蚊）
Aedes albopictus
长度：5 ~ 10毫米
分布：亚洲、非洲、美洲和欧洲

粪蝇

仅仅是它的名字就令人产生了一定的抗拒，但这种苍蝇在环境中发挥着重要作用。

它存在于大型野生和家养哺乳动物（如鹿、野猪、绵羊、牛或马，还有人类）的粪便中，并在那里产卵，因为新孵化的幼虫以其他食粪幼虫为食，并利用排泄物中所含的植物物质和细菌促进其快速分解并融入土壤。

这种昆虫的成虫可以控制害虫，因为它们主要是小型食粪昆虫的捕食者，它们用强壮的、长满刺的前足固定住这些昆虫从而捕食。如果猎物较少，它们可能会依靠于吸食花蜜，甚至同类相食。

除了作为循环利用者的重要性之外，它还是一种在科学界广为人知的昆虫，由于其生命周期短，并且对实验操作很敏感，因此，它与果蝇（黑腹果蝇）一样，有助于人类了解动物行为的重要知识。

特别是人类将其用于对这种双翅目动物的多配偶制和精子竞争进行的研究，此外它也对人类评估牲畜粪便中兽药残留的影响有很大帮助。然而，由于其习性，这种苍蝇有可能被动地用各种病原体污染人类食物。

繁殖

雄性和雌性都与多个伴侣交配。交配持续20～50分钟，通常在地面或灌木丛中进行；之后，雄性会将雌性带到一个新鲜的粪堆中，雌性会在这里产卵。卵可能在一两天后孵化，幼虫会立即钻入粪便中寻找保护和食物，经过几次蜕皮，幼虫会在短时间内迅速生长。然后，它们将在变态发育前5天停止进食，这时它们将自己封闭在一个深褐色的蛹中，根据温度，它们可以在那里停留10～80天。较小的雌性化蛹的时间经常比雄性的早。通常每年繁衍2～4代，这因海拔和纬度而异。

当雌性与几只雄性交配时，每只雄性的精子都在竞争着使卵子受精，体形较大的雄性成功率更高，交配时间也更长。体形大小随海拔高度而变化，在高海拔地区由于温度较低，体形会更大。苍蝇经常会摩擦它们的足以保持清洁彻底，因为它们的四肢有超过1.5万个味蕾，而污垢可能会扭曲它们的味觉。

黄粪蝇
（*SCATHOPHAGA STERCORARIA*）

目：双翅目
科：粪蝇科
食物：
　　幼虫以其他食粪幼虫为食
　　成虫以昆虫和花蜜为食
长度：5～11毫米
寿命：2～3个月
分布：北美洲、亚洲和欧洲

外貌

黄粪蝇体形中等，身体细长，略扁平，雄性覆盖有浓密的黄色绒毛，雌性呈灰色，但表皮呈褐色。

头

头部有黑色触角，较短，红棕色的复眼由宽大的前额隔开，前额呈暗红色。

胸部

它们的胸部与其他物种不同，颜色较深，侧面没有鳞片。

腹部

它们的腹部细长，呈圆柱形。

足

它们的足有短毛，胫骨上长满了深色的刚毛，用来捕捉小型双翅目动物。还具有黏性垫，可以使它们在光滑的表面上行走。它们足上的毛或丝让其能够"品尝"它们踩到的东西。

翅膀

它们有两只发育良好的翅膀，透明，但呈淡黄色，有深色的翅脉，后缘有3个叶。

普通蚊子

我们所有人，在生命中的某个时刻，都曾受过蚊子的叮咬。它们太常见了，令人熟视无睹……但它们其实非常有趣。

这些昆虫会检测到我们呼吸时呼出的二氧化碳，并会被胆固醇、尿酸和其他挥发性成分等物质组成的化合物所吸引，这些物质标记着它们进食的偏好；此外，毛发越少、表皮越薄的人越容易被叮咬。然而，我们可能会感到惊讶，这种烦人的动物是以蔬菜汁和糖蜜为基础食物的，只有雌性需要从血液中获取蛋白质才能够产卵，而它们的口器已经适应了这一需求。每只雌性（雄性不同）的口器都有6根口针或细针：两根口针呈锯齿状，用以切割皮肤；两根用于保持组织张开；还有两根重要的口针，一根用于吸血，另一根用于释放含有抗凝血蛋白的唾液（使血液在它们吸食时不会停止流动），这就是叮咬引起不舒适的过敏反应的原因。

蚊子是对人类最致命的动物，因为它能够传播疾病。这种特殊的物种是许多病毒性脑炎、寄生虫感染和西尼罗河病毒的媒介。然而，它在生态系统中也有价值，蚊子是许多动物的食物，如鱼类、两栖动物、其他节肢动物、蝙蝠，最重要的是食虫候鸟，因为据信如果蚊子消失，食虫候鸟的数量将减少50%。

繁殖

雌性在水中产下50～200个粘在一起的卵，这些卵看起来就像漂浮的木筏。它们对产卵地点要求不高，因为其可以在任何积水超过1厘米的地方产卵，这个地方可以是水坑或轮胎轮辋，因为它们也不受污染的影响。卵会在一两天内孵化，幼虫仍然在水下，但通过腹部末端的呼吸管连接到水面。在这个阶段，它们以微生物和有机碎屑为食，但英国雷丁大学最近的一项研究证实，它们可以不知不觉地摄取微塑料，并将其保存到成年阶段，这意味着这些不可降解的残留物也将成为它们所有捕食的一部分。

4次蜕皮后，幼体停止进食，准备成为成体。它们在水面化蛹，几天后（如果条件合适），成虫就会出现。每年繁衍数代。

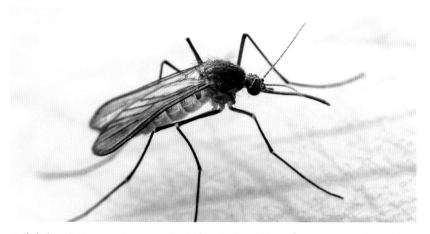

尽管专家们意见不一，但人们认为，图中的伦敦地铁库蚊（Culex molestus）可能是由尖音库蚊进化而来的物种，适应在密闭的地下空间生活，从下水道到地下室都有，分布在世界各地的温带国家。

尖音库蚊
（CULEX PIPIENS）

目： 双翅目

科： 蚊科

食物： 蔬菜汁和血液

长度： 3～10毫米

寿命： 12天～4个月，具体取决于温度

分布： 除极地以外的世界各地

成虫

外貌

　　蚊子有纤细、脆弱的外观，细长的褐色身体，有深浅不一的鳞片。

头

　　头部有复眼。雄性有长毛的羽毛状触角，口器不适合叮咬。雌性触角的刚毛较短，其口器有上颚、下颚、唇和舌，以获取血液。

身体

　　腹部呈深褐色，背面有浅色斑点，腹面颜色较浅，有一些深色斑点。蚊子有1对细长、窄小、有翅脉的翅膀，有3对长足。

幼虫

　　头部呈球形，下颚有刚毛和小复眼。在腹部的后端，有1根呼吸管或虹吸管，以及一小簇用于移动的刚毛，没有足。

跳蚤

　　跳蚤属于蚤目，有近2000种，其中90%寄生在陆生哺乳动物身上，其余则与鸟类有关。它们可以出现在世界任何地方，包括北极和南极地区；唯一的条件是它们要找到合适的宿主，并且每种物种在这方面都有自己的偏好：有些喜欢啮齿动物，有些喜欢蝙蝠、狗、人类等。水生哺乳动物和那些皮肤非常厚的动物，如大象和犀牛，可以免于被咬。大多数跳蚤是不同疾病的媒介；例如，黏液瘤病是由欧洲兔跳蚤（*Spilopsyllus cuniculi*）传播的一种病毒引起的，欧洲兔跳蚤被引入澳大利亚，以试图控制庞大的兔子种群，这些兔子是殖民者为获取肉和毛皮所带来兔子的后代。跳蚤是完全变态昆虫（卵、幼虫、蛹和成虫），可以跳跃其长度200倍的距离：猫蚤可以在空中水平行进33厘米，垂直行进18厘米，而印鼠客蚤可以连续跳跃72小时，每小时最多跳跃600次。

鸟蚤
Ceratophyllus gallinae
长度：2～4毫米
分布：世界各地

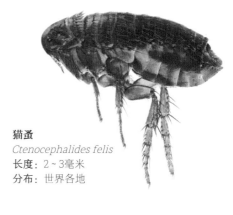

猫蚤
Ctenocephalides felis
长度：2～3毫米
分布：世界各地

印鼠客蚤
Xenopsylla cheopis
长度：2.5毫米
分布：世界各地

人蚤
Pulex irritans
长度：2～3.5毫米
分布：世界各地

狗蚤
Ctenocephalides canis
长度：3～4毫米
分布：世界各地

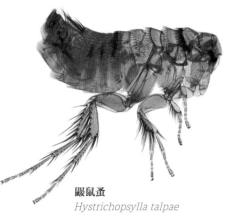

鼹鼠蚤
Hystrichopsylla talpae
长度：6毫米
分布：欧洲

禽莲松蚤
Dasypsyllus gallinulae
长度：5.5毫米
分布：世界各地

其他物种

欧洲鼠蚤
Nosopsyllus fasciatus
长度：3～4毫米
分布：欧洲、亚洲、北美洲和大洋洲

欧洲兔跳蚤
Spilopsyllus cuniculi
长度：1毫米
分布：世界各地

穿皮潜蚤
Tunga penetrans
长度：0.7毫米
分布：美洲、非洲、印度、欧洲和亚洲的巴基斯坦

巨海狸蚤
Hystrichopsylla scheffei
长度：10毫米
分布：北美洲

虱子

毛虱目动物或虱子有超过3000种，它们都是鸟类和哺乳动物的体外寄生虫，根据其饮食习惯可分为两大类：咀嚼型和吸吮型。前者以皮肤和羽毛的碎屑、皮脂分泌物和一些血液为食；它的口器由短的咀嚼颚组成，有些种类是家禽的严重害虫。至于吸虱，它们有一个穿透性的嘴部结构，它们是吸血动物。寄生在人体的3种虱子是：头虱、阴虱和体虱。最后一种主要生活在纺织纤维上，只有在进食时才会离开纤维，在滴滴涕（DDT）发明前，体虱通过传播斑疹伤寒导致了许多人死亡。虱子的宿主特异性程度很高，虱子的稀有程度取决于其宿主的受保护状况。例如，仅发现了一只伊比利亚猫虱（Felicola isidoroi）的寄生生物标本，这使得它比其宿主更加稀有，而其宿主被认为是世界上最濒危的猫科动物。海洋哺乳动物也有它们自己的虱子类型，但蝙蝠没有，因为蝙蝠在这些外寄生虫传播之前就已经征服了天空。

猪血虱
Haematopinus suis
长度：4毫米
分布：世界各地

绵羊颚虱
Linognathus ovillus
长度：2.5毫米
分布：世界各地

头虱
Pediculus humanus capitis
长度：1~2毫米
分布：世界各地

体虱
Pediculus humanus corporis
长度：3毫米
分布：世界各地

鸽长虱
Columbicola columbae
长度：2~2.8毫米
分布：世界各地

其他物种

阴虱
Pthirus pubis
长度：1~3毫米
分布：世界各地

鸟虱
Philopterus fringillae
长度：2毫米
分布：世界各地

乌鸫长角羽虱
Philopterus turdi
长度：2毫米
分布：欧洲、北非和亚洲

鸡头虱
Cuclotogaster heterographa
长度：2.5毫米
分布：世界各地

雏鸡羽虱
Menacanthus stramineus
长度：2.5~3.5毫米
分布：世界各地

翅长圆虱
Lipeurus caponis
长度：2~2.5毫米
分布：世界各地

鸡羽虱
Menopon gallinae
长度：2毫米
分布：世界各地

牛颚虱
Linognathus vituli
长度：2.5毫米
分布：世界各地

羊足颚虱
Linognathus pedalis
长度：1~2毫米
分布：美洲、非洲和澳大利亚

狭颚虱
Linognathus stenopsis
长度：2毫米
分布：世界各地

非洲颚虱
Linognathus africanus
长度：1.7~2.2毫米
分布：世界各地

人蚤

虽然它小到很难用肉眼辨认，但却可能是极其致命的，因为它是鼠疫杆菌的传播媒介，是造成中世纪欧洲人口减少一半的腺鼠疫或黑死病的罪魁祸首。

它也被称为人类跳蚤，是最常寄生于人类的物种，但它并不是专属于我们这个物种，它偏爱肉食性哺乳动物。当人类被感染时，通常是通过宠物或牲畜感染的。它是一种体外寄生虫，以血液为食，通过猎物释放的二氧化碳、振动、温度和光线变化来定位其受害者。

人蚤寄生于人类时，通常会攻击脚踝部位，过多的叮咬可能会导致贫血。它不会永久地生活在其宿主身上，当它不进食时，可以在宿主周围（房子里的任何地方）找到它；在最佳条件下，它能够离开宿主存活长达1年的时间。它没有运动的翅膀，但被认为是动物世界中最好的跳跃者，这要归功于一种类似弹簧的关节结构。这种结构是由一种被称为弹性蛋白的橡胶状蛋白质组成，这使其具有惊人的加速度，是太空火箭发射的15倍，相当于它跳出了自身体积200倍的距离。人蚤会被一些节肢动物所捕食，如蚂蚁和甲虫。

繁殖

雄性用上颚触须识别雌性，并上举其触角；然后将自己置于雌性身后，低下头，用上举的触角抱住雌性，开始交配。精液储存在雌性的受精囊中，直到卵子准备好受精；之后，雌性将单独产下8~12个卵，这些卵不会附着在宿主身上，而是落在宿主周围，大约5天后孵化。一只雌性在其一生中最多可产2000个卵。

幼虫以有机物为食，性食同类是很常见的，而且它们喜欢吃成虫的粪便，因为粪便中含有未消化的血液。经过3次蜕皮后，它们会结出一个丝茧，蛹在茧中成熟，根据条件，成虫可能会在一两周内破茧而出，或保持静伏最长达两年，直到恒温动物受害者出现。作为成虫，人蚤的寿命可达几周到1年多的时间，但其大部分生命都是以蛹的状态度过的。

当成虫叮咬了感染鼠疫的动物后，细菌会进入跳蚤的肠道，阻塞肠道，使它无法进食。当它返回宿主身上时，血液反流回宿主体内，从而感染宿主。此外，它还会试图比平时更频繁地进食，这会加剧鼠疫的传播。

人蚤	
（*PULEX IRRITANS*）	
目： 蚤目	
科： 蚤科	
食物： 血液，主要是哺乳动物的血液	
长度： 2~3.5毫米	
寿命： 2年以上	
分布： 除极地外的世界各地	

外貌

人蚤身体坚硬，呈红褐色，外观呈流线型，侧扁，刺向后方。

头

头部的触角非常短，藏在触角窝内，单眼可以探测光线的变化。口器包括几根针状管或空心管和1片内唇，它们通过内唇接触到毛细血管，同时通过唾液管注入抗凝血剂。

足

人蚤有3对粗壮的四肢，中间或后肢上有爪，它们通过这些爪挂在宿主身上。最后1对足更大，以适合跳跃。

腹部

腹部末端有1个圆形凹陷，称为尾板，起感觉器官的作用。雌性有1个储存精子的结构，雄性生殖器是动物界中最复杂的。

幼虫

幼虫呈白色，细长，无眼，无足，全身有许多鬃。有一张适合咬人的口和1对用于织茧的下颚丝腺。

头虱

《圣经》中提及：它们是埃及的第三大灾害，头虱可能是人类有史以来最古老的寄生虫，它们依附人类而生存。

这种特殊的物种几乎只生活在我们的头上（它也存在于一些新大陆的猴身上）。在这里，无论是雄性、雌性，还是幼年的头虱都以血液为食，依靠其适合刺穿头皮的口器，它们可以每天叮咬四五次，同时注入含有抗凝血剂的唾液，但它们不会传播任何疾病。

目前，这些虱子比第一次世界大战以来的任何时候都更加普遍，而且比以往任何时候都更强大，因为它们在不断进化，已经对抗寄生虫产品产生了抗性。它们没有翅膀，不能跳跃，甚至不能在平地上移动（但它们可以在头发间每分钟前进超过20厘米），因此头虱是经直接接触，通过共用帽子或梳子等个人物品进行传染的，近些年还会由于用手机自拍时把头靠在一起而

传染。它们偏爱3~10岁儿童的直直的、干净的头发，因为从10岁开始，头部分泌的皮脂会大量增加，这是它们不喜欢的；这种昆虫的另一个"敌人"是染发剂。据估计，有5%~15%的学生存在被感染（虱病）的风险。每种虱子都特定于一种宿主，因此人类的头虱不会影响其他动物，反之亦然。

繁殖

交配可以从成虫生命周期的10个小时后开始，在此期间，雄性用第一对足上特有的爪抱住雌性。从那之后，雌性每天会产下4~8个卵（虱卵），它们更喜欢在耳后或后颈产卵，通过一种快速变硬的黏性物质将卵附着在宿主的头发上，形成一个包裹住毛干和大部分卵的鞘。

虱卵呈椭圆形，有光泽，产卵后6~9天孵化。它们是不完全变态昆虫，若虫外形与成虫非常相似，在达到性成熟前要经历3次蜕皮，每次蜕皮都会增加其腹部长度。若虫的行为也与成虫相似。

头虱
（*PEDICULUS HUMANUS CAPITIS*）
目：虱毛目
科：虱科
食物：人类血液
长度：1~2毫米
寿命：22~35天
分布：世界各地

由于其宿主的特定性，虱子成了进行共同演化和共同适应研究的杰出典范。这些动物使科学家们发现：人类在17万年前就开始穿衣服了。

外貌

头虱无翅，身体背腹侧扁平。体色根据宿主头发的颜色在灰色和褐色之间变化，它们用宿主的头发来伪装自己；进食后，它会变成红色。

头

头比身体略窄，有非常小的复眼，位于触角嵌入处的后面，触角很短（与头部的长度相同）且粗壮。口器由3根刺组成，不用时可以缩回。

身体

大的腹部由7节清晰可见的节段组成。胸部与腹部的这些节段融合在一起，3对足从胸部长出。

足

足很短，末端是适合抓住毛发的跗骨爪。

其他有趣的节肢动物

大自然提供了难以想象的色彩组合，通过相机，我们看到的对称、圆点、图案和模型组成了一个令人惊叹的景象。

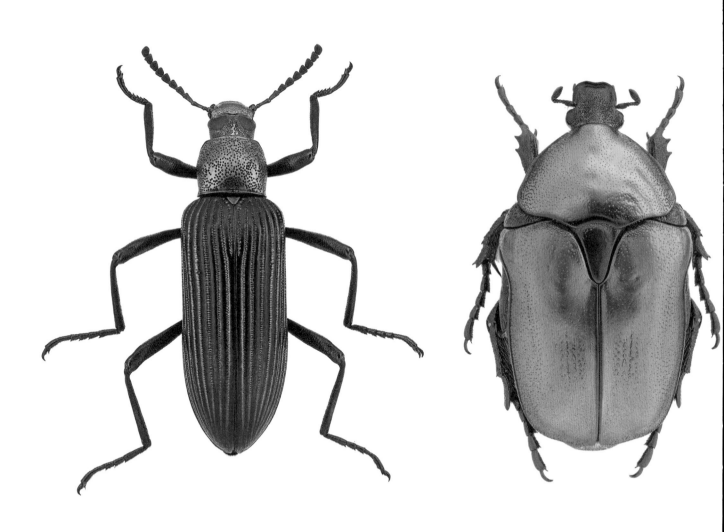

铜笔树甲
Strongylium cupripenne

铜花金龟
Protaetia cuprea

八斑吉丁虫（雄性）

Buprestis octopunctata（macho）

彩虹叶甲虫

Chrysolina cerealis

金凤蝶毛虫

金凤蝶（*Papilio Machaon*）的幼虫与它即将变成的成虫一样鲜艳夺目。最初呈黑色，背部有红色圆点和一个白色斑点，随着它的生长，会变成带有黑色环状斑的绿色，每条黑斑上有6个橙色圆点。这种警示的颜色（警戒作用）向其捕食者暗示了摄食这些昆虫的风险；然而，如果它们感到威胁，会在它们的头上展开1对橙色的类似触角的腺体（臭角），这种腺体会释放出难闻的分泌物，以吓退其敌人。它们以伞形科植物（特别是茴香和胡萝卜）和芸香科植物为食，因为它们已经对芸香毒产生了抗性。

跳蛛

跳蛛（*Salticidae*），也被称为蝇虎，在跳向其猎物时出奇地精确，这在很大程度上得益于它们的视觉。它们有8只眼睛，几乎覆盖了360°；此外，科学家对安德孙蝇虎（*Hasarius adansoni*）进行了研究，发现它具有3D视觉：它的两只主眼的视网膜由4层组成，其中最深的两层感知失焦的图像，而上面的两层则接收聚焦的图像。因此，通过投射和组合所有的图像，这些跳蛛可以非常准确地计算出与一个物体的距离。

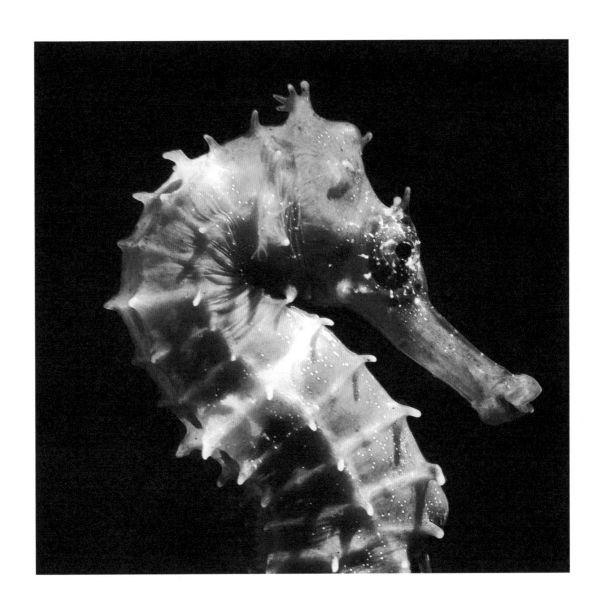

虎尾海马（*Hippocampus comes*）

　　海马是一种奇特的无鳞鱼，它们直立游动，依靠其尾巴抓住支撑物生活，它们的幼体在雄性的孵化袋中发育，由雄性产卵。这种特殊的物种发现于南太平洋珊瑚礁的温暖水域，在那里其以小型甲壳类动物和浮游生物为食。然而，由于栖息地的退化和作为水族馆宠物而被捕捞，它们的种群数量正在大幅下降。海马曾经作为中药材具有强身健体、补肾壮阳、舒筋活络、消炎止痛、镇静安神、止咳平喘等药用功效（2004年起，已被中国法律明令禁止销售运输，编者注）。国际自然保护联盟（IUCN）已将它们列为"濒危"物种。

皇家核桃蛾 (*Citheronia regalis*)

它也被称为"胡桃角魔鬼虫",是世界上最大的毛虫,长约15厘米,宽2厘米,最后阶段重达100克。那时它呈现出鲜艳的颜色,根据个体,颜色从蓝色到绿色不等,还有一些非常醒目的刺或角,仅用于吓跑捕食者,因为这些毛虫实际上很柔软,且不含毒液;尽管它看起来很凶猛,但其实是完全无害的。原产于美国的皇家核桃蛾幼虫在化蛹前期更加贪吃,这个时候它可以在落叶林中使几根树枝的叶落光。

同双星珊瑚（*Diploastrea heliopora*）

　　这种石珊瑚形成了高达2米，宽5米的圆形集群，该珊瑚集群由个体（珊瑚虫）组成，珊瑚虫在自己周围分泌石灰石外壳来保护自身，该外壳看起来像低矮的圆锥体，有厚壁和小开口。晚上，它们伸出触手捕捉浮游生物，它们也通过其与藻类植物的共生关系获取食物；这些藻类植物进行光合作用，为珊瑚虫提供氧气和糖分，并从它们中获取磷和氮。珊瑚礁非常重要，因为它们可以保护海岸免受侵蚀，四分之一的海洋生物依赖它们以获取食物和住所。然而，气候变化和人类活动正在致使珊瑚礁消失。

烟草天蛾（*Manduca sexta*）

　　它是一种美洲夜蝶，在幼虫阶段也被称为烟草蠕虫，因为在这个阶段，除了土豆、西红柿和其他茄科植物外，它还以烟草为食。由于其快速发育和生命周期短的特点，除了在圈养中相对容易养活外，人们还用其作为科学研究的理想模型，经常被用于神经生物学实验。2008年，一家专业的机器人公司通过在它的蛹期嫁接一个电极来控制烟草天蛾的飞行（方向和速度），通过该电极，动物的身体与电子装置融合在一起。

缓步动物或水熊虫（*Tardigrada*）

　　缓步动物是一类小型无脊椎动物，长达0.5毫米，有8只足，它们生活在覆盖苔藓、地衣和蕨类植物的水膜中，在那里以小型蠕虫、藻类、细菌和微型无脊椎动物为食。它们几乎遍布地球的每个角落，因为其生存的唯一要求是身体被水覆盖。在干旱或冰冻的状况下，它们会进入休眠状态，可以持续数年，直到条件改善。这类动物被认为是地球上最具抵抗力的生命形式：可以承受的温度为−200～150℃，可以在冰冷的太空真空中或者足以杀死人类的辐射水平下生存。

海葵（*Alicia mirabilis*）

　　由于它非常美丽而被称为"神奇的艾丽西亚"，海葵被发现于热带大西洋、地中海和红海的岩石或沙质海床，以及大洋中的海神草中，深度在10～60米。它最显著的特征之一是形状变化：白天，它的触手缩回，看起来就像一个圆锥体，上面覆盖着橙色的刺状突起；到了晚上，呈圆柱形的身体可伸展到30厘米，在其末端伸出96条发光的触手，这些触手伸展开来寻找食物。它的毒液对人类的危害与人类被水母蜇伤相似。

花群海葵（*Zoanthus*）

　　它们属于软珊瑚属，由于其不会产生碳酸钙骨架，也不会形成珊瑚礁，它们也被称为结壳海葵，因为结壳海葵具有与这些海葵相同的外部结构。珊瑚群落由附着在岩石上的固定珊瑚虫组成，通常群体通过一个共同的基部组织相互连接，像地毯一样。这是一种非常容易饲养、生长迅速的珊瑚类型，能够抵抗恶劣的水生环境，容易繁殖，且呈现各种惊人的颜色，因此在水族爱好者中变得很流行，这些爱好者创造了"花群海葵花园"作为传统岩石和鱼类花园的替代品。

水母（*Scyphozoa*）

水母通常被称为海蜇，与海葵或珊瑚一样是低等的无脊椎动物。它们的身体呈胶状，钟形，直径可达 0.02～2米。身体上长有一些布满刺细胞的触手，水母用这些触手来捕捉猎物和进行防御；而毒性取决于物种。它们没有器官，主要由水组成，水占其体积的95%。只有一些物种有眼睛，它们的感官非常原始。它们以浮游生物、鱼类和甲壳类动物为食，能够自行垂直移动，而水平移动则需要风和洋流的帮助。

彩虹锥齿吉丁虫
（*Cyphogastra javanica*）

　　彩虹锥齿吉丁虫是最美丽的，也是昆虫收藏家最追捧的昆虫之一，并且传统上被用于亚洲几个国家的珠宝首饰。形状细长，长度在30～40毫米，其鞘翅的基本色调为金属蓝或深绿金属色，头部和身体的条纹为金属红色。它们的彩虹色不是外壳中的色素，而是因为结构色而形成的，这种结构色会产生特定频率的光的反射（就像激光唱盘暴露在阳光下时发生的那样）。幼虫钻入各种植物的根部、树干和茎部，并以其为食。

常用术语

足刺：细、长、尖的刺，但非常软，不能造成伤害。

无足：没有足。

警戒色：有醒目的颜色，通常是红色、黄色和黑色等，对捕食者起到警告作用。

无翅：没有翅膀。

节：对组成节肢动物附肢（足、触角等）的每节段的称呼。

自割：当动物感到威胁时，自愿脱落身体的一部分。有时这部分可以再生。

嗉囊：昆虫前肠中储存食物的地方。

纲：高级分类亚群，高于目，低于门（*phylum*）和亚门（*subphylum*）。

隐蔽色（保护色）：动物身体的颜色模仿周围环境的色调。

生物控制：利用自然生物来减少害虫种群数量的行为。

蛹：幼虫和成虫之间的中间发育阶段，昆虫通过这一阶段进行完全变态发育。

碎屑：分解过程中有机物的残渣或残留物。

两性异形：同一物种的两种性别之间的差异。

蜕皮：表皮脱落，由新生表皮来替代的过程。

鞘翅：一些昆虫的前翅，如鞘翅目昆虫，在进化过程中会硬化，就像一个盾牌一样用来保护用于飞行的后翅。

刷毛：在蜘蛛足的跗骨和跖骨上形成的短而紧的刷状毛。

盾片：许多鞘翅目昆虫位于前胸背板后面和前翅之间的三角形板。

种：一组由相似个体组成的生物体，它们能够相互交换基因。低于属的分类项。

受精囊：许多节肢动物，特别是昆虫中的雌性所拥有的精子储存器官。

精包：各种动物种类，特别是无脊椎动物中的雄性所拥有的一个囊，囊里含有精子，用于间接受精。

气门：通往呼吸管的呼吸孔。

螺旋体口器：鳞翅目或蝴蝶等昆虫的口器，由一根长管组成，休息时保持盘绕状态，伸展时用于吸收花蜜。

鸣声：一些昆虫，如蟋蟀或蝉发出的类似于尖叫的声音，由其身体的某些部位摩擦而产生的。

外骨骼：在软体动物和节肢动物中，由几丁质或钙质物质硬化的外部骨骼而形成的外壳，用以保护动物柔软的身体。

科：低于目的分类组，包括亚科、属和种。

信息素：一些动物为了与其他动物交流而分泌的挥发性物质，用于繁殖、防御、聚集等目的。

韧皮部： 将营养物质，尤其是糖分，从植物的一个部位运输到另一部位的活性植物组织。

颚足： 多足亚门动物的第1对足异化为与毒腺相关的大的角质化爪子。这些爪子很粗壮，用于通过麻痹猎物来捕捉它们，充当额外的口器。

代： 从卵到成虫的所有发育阶段，每年可重复数次。

属： 由物种组成的低级分类组。

血淋巴： 许多无脊椎动物的循环液，类似于脊椎动物的血液，含有营养物质但不含氧气。

成虫： 成年的、性成熟的昆虫。

龄： 毛虫蜕皮之间的发育阶段，直到它变成蝴蝶。

无节幼体： 许多甲壳亚门动物最初的幼体形式。

上颚： 有颚类节肢动物（甲壳类、多足类和昆虫）的口器。

后体： 节肢动物身体的后部。

神经毒素： 对神经组织造成损害的化学物质。类似于一些昆虫在叮咬时注入人类体内的毒液。

若虫： 昆虫的未成熟阶段，具有简单的变态发育，与幼虫不同，看起来与成虫相似。

单眼： 接收光线的视觉器官。此外，也是一些昆虫或鸟类翅膀上的斑点，类似于眼睛。

小眼： 组成复眼的独立感光组织。

卵鞘： 一种鳞状或黏性卵块，一些昆虫在其中产卵，并在孵化前一直保持相互粘连。

目： 低于纲，高于科的分类等级。

卵胎生： 后代通过在体内孵化的卵繁殖。

产卵管： 许多昆虫中的雌性腹部末端的管状突出器官，用来将卵产在土中。

孤雌生殖： 细胞的发育不需要受精的方式。

花梗： 蛛形纲动物的"腰部"或连接前体和后体的节段。

触肢： 蛛形纲动物的第2对附肢，位于前体的前端。它们有不同的功能和形状。

步足： 甲壳亚门动物位于胸节或胸部的肢体。

腹足： 甲壳亚门动物位于腹部的肢体。

一妻多夫制： 一只雌性与多只雄性交配的方式。

长鼻： 用来吸食食物的细长的口器。

前胸背板： 覆盖胸节第1节背侧的大背板。

前体： 螯肢亚门动物身体的前部。

螯肢： 螯肢亚门动物的第1对附肢或位于口器前的附肢。

尾节： 节肢动物身体的最后一部分，没有肢体。